Die Kohlenstoffernährung des Waldes

Von

Th. Meinecke d. J.

Dr. phil., Doktor der Forstwissenschaft
Diplomforstwirt

Mit 22 Textabbildungen
und 26 Tabellen

Berlin
Verlag von Julius Springer
1927

ISBN-13:978-3-642-90091-4   e-ISBN-13:978-3-642-91948-0
DOI: 10.1007/978-3-642-91948-0

Softcover reprint of the hardcover 1st edition 1927

Vorwort.

Während früher die waldbauliche Wissenschaft allein darin bestand, Erfahrungen aus der Praxis zu sammeln, einzuordnen und als Beispiele weiter zu vermitteln, macht sich seit einiger Zeit das Bestreben bemerkbar, den Ursachen des im Walde Beobachteten auf den Grund zu gehen. Man sucht die einzelnen Standortsfaktoren zahlenmäßig zu erfassen, wobei man sich, oft in Anlehnung an von der Landwirtschaftswissenschaft Gezeigtes, die Untersuchungsmethoden der reinen Naturwissenschaften zunutze macht. Mit der Ergründung der rein chemischen Bodeneigenschaften fing man an, und als hierbei keine stets klar auszudeutenden Ergebnisse erzielt wurden, wandte man sich zur Begründung einer umfassenden Standortslehre ziemlich gleichzeitig oder in rascher Folge den übrigen Faktoren zu. So sind in der letzten Zeit Arbeiten über die physikalischen Bodeneigenschaften, über Licht und Wärme im Bestand, über den Wasserhaushalt, über die Bodenreaktion und über den Stickstoffhaushalt veröffentlicht, und in immer ausgedehnterem Maße werden neue Untersuchungen über biese Probleme angestellt.

Meine Arbeiten über den Kohlenstoffhaushalt des Waldes verdanken ihre Anregung den Veröffentlichungen Prof. Bornemanns; von ihm erhielt ich auch die ersten Hinweise, wie an den zu ergründenden Fragenkreis heranzukommen sei.

In der Erkenntnis, daß zwischen einzelnen Beständen und oftmals auch noch zwischen deren Teilen weitgehende Unterschiede bezüglich der verschiedenen Standortsfaktoren bestehen, erschien es mir nicht ratsam, aus vielen Untersuchungen den Durchschnitt zu ziehen, da dann wahrscheinlich Wesentliches verwischt worden wäre. Deshalb hielt ich es für richtiger, eine möglichst große Zahl in sich abgeschlossener Einzeluntersuchungen anzustellen und für sich auszuwerten. Danach ergaben sich dann Gesetzmäßigkeiten, mit deren Allgemeingültigkeit ich rechnen konnte. Dazu war es nötig, bei jeder einzelnen Bestimmung möglichst alle Witterungsfaktoren und alle Eigenschaften des Bodens und Bestandes festzulegen, von denen eine Beeinflussung des Kohlenstoffhaushalts zu erwarten war. Es war weiter notwendig, solche Verfahren zur Bestimmung der Kohlensäure zu verwenden, mit denen auch wirklich im Walde, wo die Schwierigkeiten ja ungleich größer sind, als auf landwirtschaftlich genützten Flächen oder gar im Laboratorium, gearbeitet werden konnte. Für die Messung der aus dem Boden ausströmenden Kohlensäure brauchte ich ein Verfahren, das ein Arbeiten unabhängig von einem Laboratorium ermöglichte, dessen Ergebnisse trotzdem so zuverlässig waren, daß sie ein sicheres Urteil gestatten.

Erst als der große Überblick über die Kohlensäureerzeugung in und auf dem Boden gewonnen war, konnte ich daran gehen, den Verbleib der Kohlensäure in der Bestandesluft und den Verbrauch des Bestandes an Kohlensäure zu untersuchen. Somit war für eine beschränkte Zahl von Beständen der Ring der Untersuchungen über den Kohlenstoffhaushalt geschlossen, und es war möglich, den ganzen Fragenkomplex bis zu einem Grade zu fördern, der eine Auswertung bezüglich der Bedeutung der Kohlensäure für den Waldbau gestattete.

Die Untersuchungen der Jahre 1922 und 1923 sind im ersten Teil zusammengestellt und zu einem vorläufigen Abschluß gebracht. Der zweite Teil umfaßt die Untersuchungen des Jahres 1924 mit den sich aus meinen Bestimmungen der drei Jahre ergebenden Folgerungen. In einem kurzen, später hinzugefügten Abschnitt ist auf einige interessante Beziehungen der kürzlich von Wittich veröffentlichten „Untersuchungen über den Einfluß intensiver Bodenbearbeitung auf Sandböden" zu meinen Ergebnissen hingewiesen.

Bei der Durchführung meiner Untersuchungen ist mir von vielen Herren in liebenswürdigster Weise mit Rat und Tat Entgegenkommen bewiesen und Unterstützung zuteil geworden. Ihnen hier zu danken, ist mir ein Bedürfnis: Herrn Prof. Dr. Bornemann in Nauheim und Herrn Prof. Dr. Wimmer in Gießen, unter deren Anleitung die Arbeiten in Angriff genommen wurden; den drei Ehrendoktoren der Eberswalder Forstlichen Hochschule, den Herren Forstmeister Dr. Erdmann in Neubruchhausen, Kammerherr Dr. von Kalitsch in Bärenthoren und Landrat Dr. von Keudell in Hohenlübbichow, die mir gestatteten, in ihren interessanten Revieren Untersuchungen anzustellen und mir dabei wertvollste Unterstützung zukommen ließen; meinem verehrten Lehrer an der Forstlichen Hochschule Hann.-Münden, Herrn Prof. Oelkers, der allzeit meinen

Wünschen ein offenes Ohr schenkte und in dem von ihm verwalteten Lehrrevier Gahrenberg die oft nicht geringen Schwierigkeiten, die sich dem Fortgang der Arbeit entgegenstellen wollten, aus dem Wege räumte; Herrn Prof. Dr. Süchting, der mir für meine Versuche alle Einrichtungen des Agrikulturchemischen Instituts zur Verfügung stellte; seinem Assistenten, Herrn Dr. Köhn, dessen Rat mir für viele technische Fragen wertvoll war. Es sei mir gestattet, allen diesen Herren auch an dieser Stelle meinen wärmsten Dank zu sagen.

Danken will ich aber auch meinem Vater, der den ersten Anstoß gegeben hat, mich mit den Kohlenstoffverhältnissen im Walde zu beschäftigen, der auf Grund eigener Kenntnisse in den zur Untersuchung stehenden Fragen stets mit regstem Interesse das Fortschreiten meiner Arbeiten verfolgt und ihnen manche wertvolle Förderung gegeben hat, der mir die Zeit und die Möglichkeit gab, das mir gesteckte Ziel zu erreichen.

Möge nachstehender Bericht als ein Baustein befunden werden zu dem Werke, der Waldbauwissenschaft eine zahlenmäßig erfaßte, wissenschaftlich gesicherte Grundlage zu geben!

Winsen, im April 1927.

Th. Meinecke d. J.

Inhaltsverzeichnis.

I.

II.

I.

1. Wachstumssteigerung durch Kohlensäurezufuhr.

Es ist sehr auffallend, daß die Pflanzenzüchter, seien es Land=
wirte oder Forstwirte, lange Zeit den Wert der Kohlensäure nicht
erkannt und sich danach gerichtet haben. Eine Zerlegung in die
chemischen Bestandteile zeigt, daß in allen Pflanzen und ihren
Organen, auch in den von ihnen erzeugten Zwischenprodukten, der
Kohlenstoff einen sehr wesentlichen, oft den überwiegenden Teil aus=
macht. Die Trockensubstanz von Laub= und Nadelholz z. B. enthält
durchschnittlich 49,6% Kohlenstoff, 6,1% Wasserstoff, 43,8% Sauer=
stoff, 0,07% Stickstoff und 0,4% Asche; letztere setzt sich zusammen
aus Phosphorsäure, Kali, Natron und Kalk. Um nun die Erträge
zu erhöhen, führt die Landwirtschaft seit langem Kali, Kalk, Phos=
phorsäure und Stickstoff ihrem Ackerboden zu, obgleich diese nur einen
so geringen Teil der Pflanzen ausmachen; auch der Forstwirt hat
Düngung, wenn auch mit negativem Erfolge, versucht. Die 50% Koh=
lenstoff, die Hauptnahrung der Pflanzen, blieben unberücksichtigt.

Für die Vernachlässigung der Kohlensäurefrage ist eine Erklärung
darin zu suchen, daß dem jährlichen Verbrauch durch die Pflanzen
die Mengen Kohlensäure gegenübergestellt wurden, die in der Atmo=
sphäre vorhanden sind. Ein klassischer Vertreter der landwirtschaft=
lichen Düngelehre, Heiden (14 S. 87f.) berechnet den Verbrauch
für die ganze Erdoberfläche auf 0,815 Billionen Doppelzentner
Kohlensäure im Jahre. Da aber, so sagt er, jährlich allein durch
Atmung, Verbrennung und Verwesung 0,85 Billionen Doppel=
zentner CO_2 erzeugt werden und rund 48,8mal soviel CO_2 in der
Atmosphäre schon vorhanden ist, so ergibt sich, daß die Entnahme
durch die Pflanzen von der jährlichen Erzeugung überdeckt wird,
oder mit anderen Worten, daß die Kohlensäure der Luft vollkommen
für den Kohlenstoffbedarf der Pflanzen ausreicht. Weiter sagt
Heiden: Obgleich die obige Rechnung genügend gezeigt hat, daß
die Kohlensäure der Luft durchaus ausreichend für das Kohlenstoff=

bedürfnis der Pflanzen ist, so erinnere ich hier doch noch an jene Versuche, bei denen auf einem an organischen Stoffen freien Boden Pflanzen von der vollkommensten Ausbildung erzeugt wurden, welche in betreff ihres Kohlenstoffbedarfes also allein auf die Kohlensäure der atmosphärischen Luft angewiesen waren.

Heiden hat übersehen, daß von den großen CO_2-Mengen in der Atmosphäre zur Zeit der Assimilation, d. h. des größten Verbrauchs, nur verhältnismäßig geringe Mengen sich in unmittelbarer Nähe der Blätter befinden, und daß ein Ersatz der verbrauchten CO_2 aus anderen Luftschichten immer nur langsam vor sich gehen kann. Sein zweiter Beweis ist nicht stichhaltig, weil die angeführten Versuche in geschlossenen Räumen vorgenommen wurden, in denen durch die darin arbeitenden Menschen der Kohlensäuregehalt der Luft bald erheblich über das Normale steigt, sodaß den Pflanzen dadurch die Kohlensäure ersetzt wurde, die ihnen aus dem sterilen Boden her nicht geboten wurde.

Auf Grund dieser und ähnlicher Scheinbeweise hat sich die Wissenschaft der richtigen Erkenntnis von der Wichtigkeit der Kohlensäuredüngung verschlossen.

Der Aufbau jedes Pflanzenkörpers wird als eine Summe chemischer Vorgänge durch das von der Chemie gelehrte Gesetz des begrenzenden Minimums bestimmt. Es kann stets nur so viel an Pflanzenmasse entstehen, wie von den zur Bildung notwendigen Stoffen die Menge des in dem erforderlichen Verhältnis am wenigsten vorhandenen zuläßt. Will man die Massenerzeugung heben, so muß man also diesen begrenzenden Baustoff der Pflanze in größerer Menge zur Verfügung stellen.

Unter dem Einfluß der Lehre, daß der Kohlenstoff stets überreichlich den Pflanzen geboten sei, wurde das begrenzende Minimum beim Stickstoff und den Mineralsalzen gesucht. Daher wurden beide in einer Menge dem Boden zugeführt, die um ein Vielfaches diejenige Menge übertrifft, die tatsächlich von den Pflanzen aufgenommen wird. Der sich daraus berechnende Erfolg, d. i. eine Ertragssteigerung um das Zehn- und Hundertfache, trat nicht ein, sondern nur eine an sich wohl beachtliche, aber sehr viel geringere Hebung des Zuwachses. Das ist ein schlagender Beweis, daß hier nicht das begrenzende Minimum zu suchen ist.

Nach längeren Dürreperioden ist zweifellos das Wasser in zu geringer Menge verfügbar. Aber es handelt sich stets nur um einen geringen Teil der Vegetationszeit, in dem diese Verhältnisse eintreten. Außerdem ist der Landwirt und erst recht der Forstwirt machtlos dagegen; denn künstliche Bewässerung ist nur bei intensivem Gemüsebau möglich. Während der größten Zeit leiden die Pflanzen nicht an Wassermangel.

Aus dieser Überlegung ergibt sich, daß dann nur der Kohlenstoff der begrenzende Faktor sein kann. Zahlreiche Versuche aus neuerer und neuester Zeit haben tatsächlich den Aufschluß gebracht, daß durch vermehrte Kohlensäurezufuhr eine sehr erhebliche Ertragssteigerung zu erzielen ist. Schon Ende des 18. Jahrhunderts hatte der Engländer Perceval beobachtet, daß Pflanzen, die er in einem an CO_2 reichen Luftstrom wachsen ließ, beträchtlicher und schneller an Gewicht zunahmen als Pflanzen, die er in einem Strom von atmosphärischer Luft hielt. De Saussure stellte 1804 das gleiche fest, fand aber auch, daß ein zu hoher CO_2-Gehalt der Luft schadete.

1885 bemerkte Kreusler, daß es nicht auf die absolute Menge CO_2, sondern auf die relative Konzentration ankommt, und daß sich die begünstigende Wirkung mit der Vermehrung der CO_2 anfangs recht schnell, dann immer langsamer steigert, um schließlich sehr allmählich einem entgegengesetzten Einfluß zu weichen. Das Optimum nimmt er als zwischen 1 % und 10 % liegend, je nach der Lichtstärke, an. Kreuslers Versuche waren mit Pflanzenteilen angestellt. 1903 fand Demoussy bei mit lebenden Pflanzen unternommenen Versuchen eine Wachstumssteigerung durch vermehrte CO_2-Zufuhr bis auf das $2^1/_2$fache. Auch diese Erfolge vergaß die Wissenschaft, und die Praxis nahm sich ihrer nicht an.

1911 begann Fischer mit Kohlensäuredüngungen in Glashäusern und erzielte Wachstumssteigerung bis auf das 3,2fache. Dann haben Kisselew, Klein und Reinau sowie Bornemann (5, auch ausführliche Literaturangaben) durch neue Versuche in geschlossenen Räumen stets diese Erfolge bestätigt gefunden.

Die gleichen günstigen Resultate erzielten Bornemann und Fischer mit Freilandkulturen, denen sie künstliche Kohlensäure durch in den Boden eingegrabene Röhrensysteme zuführten. Im großen Maße hat solche Freilanddüngung Riedel durchgeführt, der die an CO_2 reichen Abgase von Hochöfen mit durchlochten Zementrohren seinen Feldern zuleitete. Er hatte auf seinem begasten Feld bei Kartoffeln den vierfachen Ertrag als auf dem unbegasten, sonst gleichartigen und mit der gleichen Mineraldüngung versehenen Stück.

Bei allen den vorstehend kurz erwähnten Versuchen war durch die übliche überschüssige mineralische Düngung dafür gesorgt worden, daß es keinem Zweifel unterliegen konnte, daß tatsächlich die Kohlensäure von den Pflanzennährstoffen das begrenzende Minimum bildete.

Für den Forstmann besonders wichtig sind die Erfolge, die Oberförster Hornschu, Zillbach, durch Düngung mit Kohlensäure in Pflanzgärten gehabt hat. Hornschu (19) behandelt seine zu Verschulkämpen bestimmten Flächen in folgender Weise: Vor dem Umgraben werden die Beete etwa fingerdick mit Holzasche bestreut, d. h. mit Asche, die die Überreste von auf den Kahlschlägen verbrannter Rinde, Zweigspitzen usw. darstellt. Nachdem die zu verschulenden Pflanzen eingebracht sind, werden die Beete im Laufe des Frühjahrs und Sommers 4—5mal „gehäckelt", und zwar immer dann, wenn sich eine Kruste gebildet hat.

Aus dem in der Asche befindlichen Kaliumkarbonat kommt die Kohlensäure direkt zur Wirkung; außerdem regt die alkalische Reaktion die Tätigkeit der Zersetzungsbakterien an. Stets in der Asche enthaltene, nicht ganz verbrannte organische Reste werden außer den im Boden enthaltenen zu CO_2 oxydiert. Das Lockern hemmt die Verdunstung, fördert die Taubildung und steigert die Kohlensäureentwicklung. Der schädliche Einfluß der Verkrustung wird aufgehoben, den Bornemann (5 S. 69) experimentell nachgewiesen hat. Er fand, daß nur ein Drittel der CO_2-Menge ausströmt, die bei demselben, aber nicht verkrusteten Boden frei wird.

Der Erfolg dieser Kohlensäuredüngung Hornschus ist in die Augen fallend: Einjährig verschulte Fichten waren nach einem Jahre so groß, daß sie teilweise bereits hätten verpflanzt werden können, nach zwei Jahren schon so groß, daß sie schwierig zu verpflanzen waren, im Durchschnitt 50 cm, im Maximum 75 cm hoch mit guter Bewurzelung und Beastung.

Die alte Theorie, daß die Pflanzen stets überreichlich CO_2 zur Verfügung haben, ist endgültig abgetan. Neue Hypothesen, die von einer Wachstumssteigerung durch erhöhte CO_2-Zufuhr ausgehen, sind an ihre Stelle getreten.

2. Neue Kohlensäuredüngungstheorien.

Eine der interessanten Annahmen ist die sog. Kohlensäuresttheorie von Reinau (36). Reinau geht davon aus, daß nach Versuchen von Saussure, Boussingault, Lewy, Schulze, Truchot, Claesson, Tissandier, Mariè-Davy, Reisset, Müntz und Aubin, Heine, Blochmann, Brown u. a. der CO_2-Gehalt der Luft tags niedriger als nachts, bei Sonne niedriger als bei Bedeckung, Regen und Nebel gefunden wird. Sicherlich ist ganz deutlich, sagt Reinau, daß bei intensiverem Sonnenlichte und höchstem Wachstum der Gehalt der Luft an CO_2 gegenüber dem Mittelgehalt um 10—15% fällt und gegenüber den Nachtmaximis sogar um 25%. Daß in der Natur solche Werte im Wachstum wie die experimentell gefundenen Assimilationsgrößen nicht gefunden werden, führt Reinau darauf zurück, daß dort die Assimilation begrenzt ist durch den geringen Partialdruck der CO_2 in der Atmosphäre. Er zieht daraus den Schluß, daß z. B. bei geringsten Lichtstärken und bei geringer CO_2-Konzentration tatsächlich die Assimilation gleich Null werden muß, d. h. daß die in der Atmosphäre dargebotene geringe Menge CO_2 tatsächlich nicht assimiliert wird, daß sie unverändert zurückbleibt. Nun, und diese Grenzmenge CO_2 ist eben gerade diejenige, welche bei der Mitteilung so vieler CO_2-Analysen der Luft immer um 29—30 : 100000 (0,03%) gefunden wird. Ihre unterste Grenze liegt bei uns bei 22—24, in den Tropen bei etwa 27—30, im Hochgebirge und in der Antarktis bei 17,5—19 : 100000. Diese Zahlen sind der Grenzwert der nicht mehr ausnutzbaren Kohlensäure (daher der Name Kohlensäure rest theorie).

Reinaus Annahme ist nun folgende: Wenn bei gleichbleibender Belichtung und Temperatur der Innendruck, d. i. der CO_2-Gehalt der Luft in der Pflanze, z. B. 29 : 100000 beträgt, während der Außendruck 30 ist, sei die Assimilationsstärke gleich 1 gesetzt. Wenn nun durch irgendwelche Umstände der Außendruck auf 31 steigt, dann wird die Druckdifferenz gleich 2, und damit verdoppelt sich auch die Assimilation. Also ist die Assimilation den Partialdruckdifferenzen proportional.

Reinaus Theorie gegenüber steht die Anschauungsweise, daß die Assimilation direkt proportional mit dem CO_2-Druck steigt. Bei obigem Beispiel hätte man im Falle einer Zunahme der Kohlensäurekonzentration von 30 auf 31 : 100000 eine Assimilationssteigerung auf das $^{31}/_{30}$fache.

Dieser letzten Theorie folgt auch Bornemann (5 S. 7). Er sagt wörtlich: „Die absolute Menge CO_2, die der Pflanze pro Flächeneinheit Blattfläche in der Stunde zur Verarbeitung zur Verfügung

steht, ist somit allein von der Differenz der Spannungen der Kohlen=
säureluftgemische innerhalb und außerhalb des Blattkörpers ab=
hängig. Es muß somit die Größe der Assimilation oder des Wachs=
tums innerhalb der Grenzen der Leistungsfähigkeit der Zellen
proportional dem Kohlensäuregehalt der umgebenden Luft sein."
Bornemann nimmt also an, daß die Pflanzen die CO_2 der
Luft innerhalb der Assimilationsorgane bis auf Null erschöpfen
können.

Ob Reinaus Theorie, die sich auch auf schwierige Berechnungen
über das Verhältnis von Wasserdampfdruck innerhalb und außer=
halb der Pflanze zum Kohlensäuredruck stützt, bei weiterer Nach=
prüfung sich wird als richtig erweisen können, vermag ich nicht zu
sagen. Ich möchte eher glauben, daß sie nicht stimmt, um so mehr
als nach einer privaten Nachricht von Prof. Bornemann dieser
und auch Reinau selbst, wie auch schon Boussingault in der
ersten Hälfte des vorigen Jahrhunderts, eine Ausnützung der CO_2
bis auf einen weit geringeren Betrag, als Reinau vorher in seinen
Berechnungen eingesetzt hatte, gefunden haben.

Selbstverständlich haben auf das Maximum der Assimilation auch
andere Faktoren neben der Kohlensäure Einfluß, nämlich Licht und
Temperatur. Schon 1880 hat Marié=Davy festgestellt, daß zur
Erzielung der gleichen Menge an Assimilaten zwischen CO_2=Befund
und Beleuchtungsstärke eine umgekehrte Proportion bestehen müsse,
d. h. das Produkt aus CO_2=Mittel und Belichtungsmittel muß nahezu
gleich sein.

Blackman und seine Schüler (4) haben darauf weitergebaut
und eine Theorie der begrenzenden Faktoren bei der Kohlensäure=
assimilation entwickelt, nämlich der Faktoren CO_2=Partialdruck,
Temperatur und Lichtmenge. Seine Gesetze sind diese:

1. Zu jeder Temperatur gehört eine Maximalassimilationsgröße,
vorausgesetzt, daß genug CO_2 und Licht vorhanden ist.

2. Dieser Wert steigt rasch mit steigender Temperatur, und dies
ist ähnlich mit dem der Respiration (Ausatmung von CO_2 z. B.
durch die Wurzeln).

3. Bei allen Lichtstärken ist der Assimilationsbetrag diesen Licht=
stärken proportional, vorausgesetzt, daß kein begrenzender Faktor
vorhanden ist.

4. Es gibt kein Lichtstärkenoptimum, weder im allgemeinen noch
für spezielle Blätter, weder bei einer beliebigen noch bei einer

höchsten funktionellen Temperatur (37^0); der Betrag an Licht, den die Blätter ausnützen, ist individuell verschieden.

5. Die Kurve der Assimilationswerte steigt bei Erhöhung eines Faktors geradlinig an, biegt aber, sobald ein anderer Faktor ins Minimum gerät, mit scharfem Knick zur Horizontalen um.

Diese Blackmansche Theorie schränkt Harder (12 S. 531f.) in gewissem Umfange wieder ein. Er sagt, „daß sich Lichtintensität und Kohlensäurekonzentration in ihrer Wirkung auf die Assimilationsgeschwindigkeit derart gegenseitig beeinflussen, daß bei Steigerung des einen Faktors, z. B. der Lichtintensität, dessen Wirkung auf die Assimilationsgeschwindigkeit nicht bei allen Konzentrationen des anderen Faktors, z. B. der Kohlensäure, gleich, sondern um so stärker ist, je höher die Konzentration des anderen Faktors ist. Dies gilt jedoch nur für die absoluten Assimilationsgeschwindigkeitswerte, relativ ist die die Geschwindigkeit steigernde Wirkung einer CO_2-Konzentrationserhöhung am größten bei schwachem Licht, und ebenso ist die relative Wirkung des Lichts am größten bei niedrigen CO_2-Konzentrationen." „Die Verhältnisse bei der CO_2-Assimilation sind also komplizierter, als man aus den Ergebnissen der landwirtschaftlichen Botaniker über das Zusammenwirken mehrerer Faktoren bei der organischen Ernährung schließen könnte ...", wahrscheinlich weil „wir es bei der CO_2-Assimilation nicht mit dem Zusammenwirken zweier Nährstoffe, sondern eines stofflichen und eines Energiefaktors zu tun haben."

Wie weit diese sich teilweise widersprechenden Theorien richtig sind, mag von anderen nachgeprüft werden. Soviel steht jedenfalls fest, eine erhebliche Steigerung der Assimilation ist durch Vermehrung des CO_2-Gehalts der die Pflanzen umgebenden Luft zu erreichen und, wie oben kurz angeführt, auch durch Versuche größeren und geringeren Umfanges erzielt worden.

3. Ursprung der Kohlensäure in der Natur.

Man nahm früher allgemein an, daß die Kohlensäure, welche die Pflanzen verbrauchen, aus dem großen Vorrat der die Erde bis zu großen Höhen umgebenden atmosphärischen Luft entnommen würde. Von dieser Anschauung wird man abkommen müssen, nachdem man gesehen hat, daß der CO_2-Gehalt der Luft im Boden und in den Schichten dicht über dem Boden bei weitem höher ist als in den größeren Höhen. Es muß also stets ein Zustrom von CO_2 von unten nach oben stattfinden, der im Gesetz der Diffusion aller Gase begründet ist. Im Walde sind daher diejenigen Kohlensäuremengen, welche sich oberhalb des Kronendaches befinden, von keiner oder von sehr geringer Bedeutung im Vergleich zu denjenigen, die aus dem Boden ausströmen. Es ist diesen daher die größte Beachtung zu schenken.

Der Kohlensäuregehalt der Bodenluft hat allgemein drei Ursachen: ein Teil ist das Produkt chemischer Umsetzungen, die, wie man annehmen muß, sich in sehr tiefen Erdschichten bei sehr hohen Temperaturen abspielen. Ebermayer (8 S. 40) hält es für wahrscheinlich, daß in jenen Tiefen der Erde, wo Siedehitze besteht, Kalkkarbonat (Kalkstein) durch Kieselsäure (Quarz) zersetzt und unter Entwicklung von Kohlensäure in Kalksilikat verwandelt wird. In jenen größeren Tiefen, wo Glühhitze herrscht, könnte aus Kalkgesteinen auch Kohlensäuregas ausgetrieben werden, ähnlich wie es in unseren Kalköfen geschieht. Auf eine viel hypothetischere Annahme begründet bezeichnet Ebermayer die Theorie von Meunier, der annimmt, daß im Erdinnern wahrscheinlich eine große Menge von kohlehaltigem Eisen (Gußeisen) in geschmolzenem Zustande vorhanden ist, das selbst durch Einwirkung heißen Wassers Kohlenwasserstoffe entwickelt, die durch Verbrennen Kohlensäure und Wasserdampf liefern. Für das Vorhandensein einer mächtigen Kohlensäurequelle im Erdinnern sprechen auch die Tatsachen, daß alle Quellen, die aus größeren Tiefen hervortreten, reich sind an Kohlensäure (Säuerlinge); daß aus Vulkanen und zahllosen Erdspalten große Mengen CO_2 ausströmen; daß in größeren Bodentiefen (35 S. 390) der Gehalt an CO_2 wie die Erdwärme steigt; daß bei Bestimmung der Bodenatmung niemals in der Natur, auch bei einem gänzlich humusfreien Boden, der Wert gleich Null gefunden wird. Ramann (35 S. 373) hält die aus dieser Umsetzung im Erdinnern stammende Kohlensäure, obgleich sich ihre Menge nicht schätzen läßt, für die bedeutendste Quelle dieses für die Pflanzenwelt unentbehrlichen Nährstoffes. Es ist aber, und dies ist für den Praktiker von großer Wichtigkeit, in keiner Weise möglich, durch irgendeine Einwirkung diese Kohlensäuremenge zu beeinflussen, zu vermehren oder zu regulieren.

Der zweite Teil der Kohlensäure im Boden ist die bei der Wurzelatmung der Pflanzen entstehende Menge. Diese läßt sich für einzelne Pflanzen bestimmen, die aus dem Boden genommen und in eine CO_2 freie Nährlösung gebracht sind. Die Werte schwanken sehr; es zeigt sich aber, daß je zarter das Wurzelsystem ist, dieses eine um so größere Atmungsenergie entwickelt. J. Stoklasa und A. Ernest (29 S. 723f.) übertragen die hiernach gefundenen Zahlen und berechnen für einen Weizenboden eine CO_2-Menge von 60 kg pro Hektar und Tag. Diese Zahl, welche nur auf Grund von Bedingungen, wie sie in der Natur nicht vorkommen, ermittelt ist, scheint mir sehr hoch. Auf jeden Fall ist aber die durch die Wurzelatmung hervorgebrachte Kohlensäuremenge im Walde als Stoffwechselprodukt des Bestandes abhängig von seiner Art und Güte.

Die dritte für den praktischen Landwirt oder Forstmann allein wichtige Kohlensäuremenge wird hervorgebracht durch die Mikroorganismen, welche sich in der Bodenkrume befinden, namentlich die Bakterien, Schimmelpilze und Algen. Diese sind es, welche die pflanzlichen Abfallstoffe, im Walde die Reisig-, Laub- und Nadelstreu, zersetzen und zu CO_2 oxydieren. Sie sind in den obersten Bodenschichten weitaus am zahlreichsten vertreten, gemäß den Mengen zersetzbarer Stoffe; nach unten nimmt ihre Zahl rapide ab. Stoklasa und Ernest (loc. cit.) fanden bis 30 cm Tiefe 3—8 Millionen, bis 60 cm 300 000, zwischen 80 und 100 cm 20 000 vegetative Keime pro Gramm trockenen Boden; bei einer Tiefe über 100 cm war er fast steril.

Übereinstimmend ist festgestellt, daß die aus den Zersetzungsvorgängen (Oxydation) der Humusstoffe stammenden Mengen CO_2 in sehr weiten Grenzen schwanken und von den verschiedensten Faktoren abhängig sind. Dieses sind zum großen Teil Bedingungen, auf die der Landwirt und der Forstmann einwirken können. Man ist also imstande, diese dritte Kohlensäurequelle so zu beeinflussen, daß sie den Kulturgewächsen eine reichlichere Kohlenstoffernährung zu der für die Pflanzen günstigsten Zeit ermöglicht. Dabei sind die Mengen CO_2, die der Zersetzung organischer Stoffe ihre Entstehung verdanken, sehr erhebliche. Stoklasa und Ernest (loc. cit.) berechnen z. B. für den Waldboden die fünffache Menge derjenigen, welche durch die Wurzelatmung eines Weizenfeldes entsteht. Darum gilt es, den Zersetzungsvorgängen große Aufmerksamkeit zu schenken. Sie sind in den sie bedingenden Faktoren genau zu untersuchen, damit auf Grund dieser Ergebnisse der Wissenschaft die Praxis zur größtmöglichen Ausnützung kommen kann.

4. Wichtige fremde Bestimmungen der Kohlensäure außerhalb des Waldes.

Die ersten exakten Methoden zur Bestimmung der Kohlensäure im Boden und in der Luft gehen auf den Münchener Hygieniker v. Pettenkofer zurück. v. Pettenkofers erste, die sog. Flaschenmethode benutzt eine große Glasflasche mit doppelt durchbohrtem Stopfen, die ganz mit kohlensäurefreiem Wasser gefüllt wird. Durch die eine Bohrung wird das Wasser langsam abgehebert, durch die andere Bohrung wird von der Entnahmestelle ebensoviel Luft wie Wasser ausläuft, in die Flasche innerhalb einiger Stunden gesogen. Zu der zu untersuchenden, sorgfältig abgeschlossenen Luft wird eine genau abgemessene Menge einer Lösung von Bariumhydroxyd mit bestimmtem Gehalt hinzugefügt und mit ihr kräftig durchgeschüttelt. Es entsteht unlösliches Bariumkarbonat; der Überschuß von Bariumhydroxyd wird durch Titrieren mit Säure festgestellt.

Mehr angewendet wurde die zweite Methode, v. Pettenkofers Absorptionsmethode. Sie benutzt gleichfalls die große, mit Wasser gefüllte Flasche. Zwischen die zur Entnahmestelle führende Röhre und die Flasche ist jedoch ein wagerechtes Glasgefäß von 50 bis 100 cm Länge geschaltet, das mit einer bestimmten Menge Barytwasser gefüllt ist. Die Luft wird langsam in kleinen Blasen durch das Barytwasser hindurchgesogen und gibt dabei ihre Kohlensäure ab. Durch Titrieren mit Säure wird ihre Menge bestimmt. 1 mg CO_2 entspricht 0,508 ccm CO_2, bezogen auf 0^0 und einen Barometerstand von 760 mm.

Nach dieser v. Pettenkoferschen Methode sind von ihm und anderen eine große Zahl von CO_2-Bestimmungen im Boden und in der Luft ausgeführt. Dabei wurde in der Luft der mittlere Gehalt von etwa 0,03 % gefunden. Weiter zeigte sich, daß die Nachtluft etwas kohlensäurereicher ist als die am Tage, ebenso die im Herbst etwas mehr CO_2 enthält als die im Frühjahr. Für die Bodenluft ergab sich, daß der CO_2-Gehalt nach unten hin steigt (vgl. S. 8); daß er je nach der Pflanzendecke, nach der Bodenart, nach dem Feuchtigkeitsgehalt, nach der Jahreszeit und nach dem Gehalt an organischem Dünger erheblichen Schwankungen unterworfen ist.

Wollny (51), einer der Begründer und eifrigsten Förderer der bodenkundlichen Wissenschaft, hat die Tätigkeit der Verwesungsbakterien an Komposterde unter Berücksichtigung von Temperatur

und Wassergehalt studiert. Er ließ Luft langsam durch die Kompost=
erde streichen und fand, daß die Verwesung um so besser vor sich
geht, je höher die Temperatur und je größer der Wassergehalt ist.

F. H. Hesselink van Süchtelen (17) läßt durch 6 kg gut durch=
gemischten Boden in 24 Stunden kohlensäurefreie Luft streichen.
Diese wird dann durch eine Pettenkofersche Absorptionsröhre ge=
leitet, in der die am Boden entwickelte Kohlensäure aufgefangen
und wie oben bestimmt wird. Bei dieser Arbeitsweise lassen sich
die jeweiligen Witterungsverhältnisse ganz ausschalten. Sie ge=
stattet sogar, die Temperatur und den Wassergehalt des Bodens
beliebig zu verändern, und ergibt dadurch wertvolle Resultate. Was
jedoch sehr wichtig ist: die natürlichen Verhältnisse in der gewöhn=
lichen Lagerung des Bodens kommen nicht zum Ausdruck. Die
Ergebnisse sind in diesen Sätzen zusammengefaßt:

1. Gleiche Böden weisen unter gleichen Umständen dieselbe
Intensität der CO_2=Produktion auf.

2. Auf eng begrenztem Felde finden sich große Unterschiede.

3. Zerkleinerter, gut bearbeiteter Boden zeigt größere Bakterien=
wirksamkeit als nicht zerkleinerter.

4. Vermehrte Lüftung wirkt fördernd; ihr Einfluß wird allmäh=
lich geringer.

5. Bei Zusatz von organischen Stoffen (Wickenstroh) tritt die
größte CO_2=Produktion nach 8 Tagen ein.

6. Durch Salze wird eine Steigerung erzielt, am meisten durch
Ammoniumsulfat, dann Magnesiumsulfat und Superphosphat.

7. Schon geringe Änderungen im Wassergehalt machen sich be=
merkbar. Das Optimum liegt bei 75% der vollen Wasserkapazität,
das Minimum bei 4,4% (Gewichts=).

8. Durch einmaliges Durchfrieren wird Herabsetzung auf die halbe
CO_2=Menge bewirkt; bald tritt Erholung ein.

9. Das Bakterienleben ist in den unteren Schichten bei weitem
nicht so rege wie in den oberen.

Ausgehend von dem Gedanken, daß bei all diesen Versuchen,
besonders was die Kohlensäureproduktion durch Zersetzung anbe=
trifft, die natürlichen Verhältnisse weitgehend verändert werden,
hat Bornemann (5 S. 73f.) Bestimmungen am natürlich ge=
lagerten Boden angestellt. Dazu wurden auf dem zu kontrollieren=
den Felde Blechzylinder (oben und unten offen) von 82,5 cm
Umfang und 15 cm Höhe senkrecht in den Boden gedrückt. In die

Mitte jeder so umfaßten Fläche von 541,6 qcm wurde eine mit Deckel geschlossene zylindrische Glasbüchse von 20 qcm Querschnitt mit 20 ccm Kalilauge gefüllt, auf ein leichtes Drahtgestell gesetzt und das Ganze mit einer Glasglocke bedeckt, die genau in den Blech= zylinder paßte und die eingeschlossene Bodenfläche nebst der Kali= lauge luftdicht gegen die Atmosphäre abschloß. In die Glasglocke wurde oben neben dem Kopf ein kleines Loch gebohrt, durch welches — mit einem Korkstöpsel abgedichtet — ein Drahtbügel geführt wurde. Mit diesem kann nach Aufstellung des ganzen Apparates bei geschlossener Glocke der Deckel der Glasbüchse abgehoben und seitwärts bewegt und ebenso bei Schluß des Versuches wieder auf die Büchse zurückgebracht werden. Nach Schluß des Versuches wurde die Kalilauge in einem gegen atmosphärische Kohlensäure abgesperr= ten Kasten in Barytwasser eingegossen; die Menge des gebildeten Bariumkarbonats wurde bestimmt und daraus die entwickelte CO_2= Menge errechnet.

Bornemanns Zahlen zeigen, daß die flache Lockerung eines humusarmen Bodens nur eine mäßige und bald wieder schwindende Steigerung der Kohlensäureproduktion bewirkt, während die tiefe Lockerung eine so erhebliche Vermehrung zur Folge hat, daß der assimilierenden Pflanze mehr Kohlensäure aus dem Boden als aus der Atmosphäre zuströmt. Der Vergleich mit den Niederschlägen läßt deutlich die Abhängigkeit der Kohlensäureproduktion vom Regen= fall erkennen. Wesentlich größere Mengen Kohlensäure lieferte durchschnittlich, wie nicht anders zu erwarten war, der mit organi= schen Stoffen gedüngte Boden als der ungedüngte. Die Kohlen= säureproduktion aus dem Dünger setzte sofort ein, stieg noch etwas, um dann langsam abzufallen, während sie auf der ungedüngten, humusarmen Fläche sich in mäßigen Grenzen hielt.

Diese Versuche beweisen, daß die Pflanzen auf Kulturboden unter einem Kohlensäuredruck wachsen, der den der atmosphärischen Luft beträchtlich übersteigt und schon bei schwacher Düngung annähernd die doppelte Höhe des Kohlensäuredruckes in normaler Luft erreicht. Sie beweisen ferner, daß tiefe Bodenlockerung während der Vege= tationszeit einen so starken Kohlensäurestrom aus dem Boden ent= fesselt, daß ein sehr viel schnelleres Wachstum die Folge sein muß.

Die Menge Kohlensäure, die der Boden in seiner natürlichen Lagerung und Beschaffenheit an die Atmosphäre abgibt, hat ferner etwa gleichzeitig mit Bornemann auch Lundegårdh bestimmt.

Es wurden Versuche sowohl auf landwirtschaftlich genüßtem Boden wie auch im Wald angestellt.

H. Lundegårdh (23—25) bestimmte zunächst den Kohlensäuregehalt der Bodenluft in 20—30 cm Tiefe nach einem dem v. Pettenkoferschen ähnlichen Verfahren, bei dem nur 10 ccm Luft zur Untersuchung kamen. Zur Bestimmung der Bodenatmung (dieser Ausdruck stammt von Lundegårdh) wurde eine große Glasglocke 5 cm tief in den Boden hineingepreßt. Darunter war auf einem Drahtgestell eine Petrischale angebracht. Vor dem Versuch wurden 25 bis 50 ccm einer n/20 $Ba(OH)_2$-Lösung in die Schale gegossen. Nach 1—2 Stunden wurde die Glocke entfernt, die Barytlösung filtriert und das Filtrat zurücktitriert. Nach Abzug der von Anfang an in der Glocke vorhandenen Kohlensäure war dann leicht die vom Boden ausgeatmete Menge zu berechnen.

Später wurde die Glasglocke durch eine solche von starkem Zinkblech ersetzt. Ferner wurde die unbequeme Barytabsorption durch eine Analyse mittels des kleinen modifizierten v. Pettenkoferschen Apparates ersetzt. Die 40 cm weiten Zinkglocken waren zu diesem Zweck oben mit einem Tubus versehen, an den nach einer bestimmten Zeit die Probeglocke angeschlossen wurde. Der zylindrische Rand der Glocke wurde unter drehender Bewegung 6 cm tief in den Boden hineingepreßt. In dem abgesperrten Luftvolumen steigt anfangs der Kohlensäuregehalt ziemlich proportional der Zeit. Nach etwa einer Stunde wird die Akkumulierung aber langsamer, wahrscheinlich infolge des verringerten Diffusionsgefälles. Die Analyse muß deshalb spätestens nach einer Stunde vorgenommen werden.

Zur Methode Lundegårdhs ist folgendes zu sagen: Die Tiefe von 5 bzw. 6 cm, die die Glocken in den Boden gedrückt werden, dürfte beim Waldboden jedenfalls oftmals, wenn nicht meistens zu gering sein, um durch den Bodenüberzug in den mineralischen Boden zu gelangen, in dem eine seitliche Diffusion weniger ins Gewicht fällt.

Bei dem ersten Verfahren wendet Lundegårdh als Absorptionsflüssigkeit Barytlösung an; bei dieser bildet sich schon nach kurzer Zeit ein dichtes Häutchen von Bariumkarbonat, welches die Absorption zum mindesten in beträchtlichem Maße hindert.

Ferner wird die Glasglocke in den Boden gepreßt, nachdem die Schale mit der Barytlösung schon aufgestellt ist. Im Waldboden, der in seiner natürlichen Lagerung meist von Reisig oder wenig zersetzten Blättern bedeckt ist, ruft dies Einpressen eine Veränderung in der Lagerung hervor und schafft den Kleinlebewesen plötzlich andere Bedingungen, die sich in Veränderung der Menge ihrer Kohlensäureproduktion zeigen muß und bei der kurzen Dauer des Versuches wesentlich ins Gewicht fällt.

Dieser dritte Fehler wird bei der Methode der Zinkglocken noch dadurch verschärft, daß plötzlich das Licht und die Sonnenstrahlen gänzlich genommen werden. Zudem tritt unter der Glocke ein so hoher Kohlensäuredruck auf, wie er in der Natur nicht vorkommt, d. h. das Gefälle Kohlensäuredruck im Boden zu Kohlensäuredruck in der Luft wird erniedrigt, und zwar um so mehr, je länger der Versuch dauert.

Dagegen ist das Druckgefälle bei der ersten Methode ein größeres als das normale. Durch die Barytlösung wird der Kohlensäuregehalt plötzlich auf Null reduziert. Es tritt eine Saugwirkung auf die Kohlensäure in der Bodenluft ein, die um so schwächer wird, je dichter das Bariumkarbonathäutchen auf der Flüssigkeit wird und die Absorption erschwert.

Es ist also nicht angängig, ohne weiteres die nach den beiden Verfahren erhaltenen Werte miteinander zu vergleichen. Man darf nicht einmal die Zahlen, die nach Lundegårdhs erstem Verfahren in verschieden langer Zeit oder nach seinem zweiten Verfahren in verschieden langer Zeit erhalten und dann auf die Zeiteinheit bezogen wurden, einander gleich setzen.

Auch sind die Größen, die bei den verschiedenen Versuchen gefunden werden, keine absoluten. Infolge der veränderten, nicht mehr der Natur entsprechenden Verhältnisse erhält man stets Werte, die nur relative sind, d. h. nur verglichen werden dürfen mit Werten, die unter den gleichen Versuchsbedingungen sich ergeben haben. Diesen wichtigen Gesichtspunkt betont Lundegårdh nicht.

Bei Versuchen mit verschiedenen Düngern und Düngergemischen stellt Lundegårdh fest, daß nicht nur organischer Dünger, sondern auch anorganischer Dünger auf den Gehalt der CO_2 in der Bodenluft und in der Luft in der mittleren Höhe der Blätter und auf die Bodenatmung große Bedeutung haben (Versuche mit Hafer, Kartoffeln und Kohl). Dabei stellt er fest, daß bei den gleichen Bodenverhältnissen die Kurven des Bodenluft-CO_2-Gehalts, der Bodenatmung und des Feldluft-CO_2-Gehalts auffallend parallel verlaufen. Die Bodenkohlensäurekurve besitzt naturgemäß eine größere

Amplitude als die der Feld-CO_2, da die Diffusion in der atmosphärischen Luft ausgleichend wirkt.

Lundgårdhs Ergebnisse widersprechen der Vermutung, daß der Wind eine sehr energische Umrührung der Bodenluft mit sich bringt. „Es besteht überhaupt keine Korrelation zwischen Windgeschwindigkeit und CO_2-Gehalt (im Boden)." „Einen großen Einfluß auf die CO_2-Produktion des Bodens haben Temperatur und Bodenfeuchtigkeit. Die Versuche ergaben einen im Großen und Ganzen ähnlichen Verlauf der Temperatur- und der atmospärischen Luftkohlensäurekurven." „Die Kohlensäureanalysen haben also eine neue indirekte Wirkung des Regens enthüllt. Bei mangelnder Bodenfeuchtigkeit leiden die Pflanzen an CO_2-Hunger. Ein guter Regen kann dagegen eine Erhöhung der lokalen CO_2-Menge um 40% mit sich bringen. Zum Teil beruht dies auf der Anregung der Tätigkeit der Bakterien und Pilze, zum Teil hat das Wasser eine rein physikalische Wirkung, indem es die an den Bodenpartikeln adsorptiv gebundene und in den Hohlräumen eingeschlossene Kohlensäure heraustreibt."

Lundegårdh fordert, daß bei wissenschaftlich kontrollierten Düngungsversuchen in Zukunft der Kohlensäurefaktor nicht wie bisher vernachlässigt werden dürfe.

5. Fremde Messungen der Kohlensäure im Walde.

Im Gegensatz zu den vielen Bestimmungen der Kohlensäure in und über landwirtschaftlich genutztem Boden liegen für den Wald nur recht wenige vor. Es ist eigentlich nur Ebermayer, der sich, außer Lundegårdh in der jüngsten Zeit, mit den Kohlensäureverhältnissen im Walde eingehend beschäftigt hat. Ebermayer (8) will in seinen Untersuchungen zeigen, daß die Pflanzen niemals an CO_2 Mangel hätten, und daß selbst in den schönsten Waldungen mit vorzüglichem Baumwuchs der Kohlensäuregehalt der Waldluft nicht größer ist als in schlechtwüchsigen Beständen.

Er hat die beiden v. Pettenkoferschen Methoden nebeneinander angewendet und dabei gefunden, daß die Flaschenmethode wesentlich höhere Werte als die Absorptionsmethode ergibt. Es wurde daher später nur nach der letzteren gearbeitet.

Die Messungen des Kohlensäuregehalts der Waldluft wurden alle $1\frac{1}{2}$—2 m über dem Boden ausgeführt. Das Gesamtergebnis ist ein Mittel von 0,0329% gegen 0,0318% in der freien Luft.

Auch bei gleichen oder gleichartigen Beständen ergaben sich große Schwankungen, welche sogar mehr als 50% in 14 Tagen betragen können. Nachstehend einige von Ebermayers Zahlen:

Tabelle 1. Ebermayers Untersuchungen nach Holzart und Alter geordnet.

Holzart	Alter	Mittel % CO_2	Max. %	Alter	Min. %	Alter
Fichte	bis 35	0,0330 aus 29 Unters.	0,0413	30	0,0275	30 (ders. Bestand)
„	40—75	0,0319 „ 29 „	0,0410	60	0,0265	60 (ders. Bestand)
„	80 u. m.	0,0275 „ 3 „				
Buche	bis 35	0,0473 „ 4 „	0,0549 (0,0536)	12 (20)	0,0368	25
„ Bu.=Fi.	40 u. m.	0,0363 „ 8 „ 0,0375 „ 3 „	0,0487	50	0,0272	80

Leider ist es nicht möglich, aus diesen recht umfangreichen Untersuchungen feste Schlüsse zu ziehen, da jegliche näheren Angaben fehlen über die äußeren Bedingungen, unter denen die Bestimmungen ausgeführt sind. Es wäre wünschenswert gewesen, daß den Tabellen beigefügt worden wären genaue Aufzeichnungen über den Bestand, seine Lage und seinen Schluß, über den Bodenzustand und die Art und Mächtigkeit der Bodendecke und über die Witterung, Wärme, Regen und besonders über die Windverhältnisse.

Übereinstimmend ergibt sich aber, daß mit zunehmendem Alter der CO_2-Gehalt abnimmt. Bei Buchen wurden die höchsten Werte mit 0,0549% und 0,0536% in den jüngsten untersuchten, sehr dichten Beständen von 12 bzw. 20 Jahren, der niedrigste mit 0,0272% in dem ältesten, 80jährigen Bestand gefunden. Der niedrigste aller Werte, 0,0269%, ergab sich in einem 125jährigen Fichtenbestand. Das dürfte eine Folge des größeren oder geringeren Schlusses sein; je älter ein Bestand ist, um so eher kann der Wind die vom Boden entwickelte Kohlensäure entführen. Ebermayer sagt: „Diesen Untersuchungen zur Folge hat auf den Kohlensäuregehalt der Waldluft in erster Linie der Grad des Bestandesschlusses, d. h. der stärkere oder schwächere Luftwechsel, Einfluß; ebenso fand sich häufig in muldenförmigen Vertiefungen, in geschlossenen Taleinschnitten, wo der Luftwechsel erschwert ist, mehr Kohlensäure als an Berghängen oder an freien, dem Winde exponierten Lagen." Ferner geht aus den Analysen hervor, daß in Buchenwaldungen die Luft wegen der reichlicheren Humusdecke oft kohlensäurereicher ist als in Nadel=hölzern mit starker Moosdecke.

Es scheint mir keineswegs berechtigt, daß Ebermayer aus seinen Untersuchungen den Schluß zieht, daß die Kohlensäure zu denjenigen Pflanzennährstoffen gehört, welche stets im Überschuß vorhanden sind und deren Menge daher für die Produktionsleistung der Bäume ohne Belang ist. Es ist nicht angängig, die Menge der den Blättern oder Nadeln zur Verfügung gestellten Kohlensäure mit dem Gehalt der Luft unter dem Kronendach gleichzusetzen. Denn dieselbe vom Boden produzierte CO_2=Menge kann in kurzer oder in längerer Zeit an den Assimilationsorganen vorbeistreichen. Im ersteren Falle ist der Gehalt in der Luft ein niedrigerer als im zweiten. Es ist also nur diejenige CO_2=Menge die entscheidende, welche vom Boden in der Zeiteinheit abgegeben wird. Auf diese aus dem Gehalt der Waldluft zurückzuschließen, ist sehr gewagt; denn eine Schätzung der anderen die Waldluft mitbestimmenden Einflüsse, besonders des Windes, ist nicht möglich.

Kurz erwähnt werden sollen Bestimmungen von Albert (2), der im Rahmen umfassender Untersuchungen über die physikalischen

Tabelle 2. Lundegårdhs Bestimmungen der Bodenatmung.

Zeit	Platz	Witterungs-bedingungen	g CO_2 pro 1 qm Boden in 24 Stunden
25./8. 10 vorm.	Strand, Sandalgen	Sonnenschein, 18⁰ im Schatten	2,78
1./10. 10 vorm.	Strand, Sandalgen	Sonnenschein, 18⁰ im Schatten	2,73
12./8.9¹/₂ vorm.	Erlensumpf, Circea	schlechtes, trübes Wetter, 15⁰	4,03
11./8. 12 mitt.	Erlensumpf, trockene Stelle, Oxalis	trübes Wetter	4,90
12./8. 12 mitt.	Erlensumpf, trockene Stelle, Oxalis	16⁰	5,57
21./8. 12 mitt.	Erlensumpf, trockene Stelle, Oxalis	15⁰	6,00
21./8. 12 mitt.	Erlensumpf, nackter Boden, Carex vesicaria Peucedanum	16⁰	5,14
31./8. 1 nachm.	Buchenwald keine Bodenflora	15,5⁰	{ 8,40 9,02
31./8. 5 nachm.	Seetange am Strand	Sonnenschein, 15⁰	8,45
31./8. 8 nachm.	Seetange am Strand	15⁰	12,67

und chemischen Eigenschaften von Heideböden die Gärungsintensität der Böden durch Dextrosespaltung und die Fäulniskraft durch Peptonspaltung festgestellt hat. Diese Methoden gestatten einen Vergleich der kohlensäure- bzw. ammoniakabspaltenden Bakterien in verschiedenen Böden. Ob tatsächlich in der Natur infolge der vielen mitbestimmenden Faktoren die Produktion an CO_2 bzw. NH_3 proportional den Laboratoriumsversuchen verläuft, ist jedoch nicht nachgewiesen.

Lundegårdh hat wie auf dem Feld auch im Walde die CO_2-Produktion bestimmt. Seine Ergebnisse sind aus vorstehender Tabelle 2 zu ersehen.

Die Ergebnisse zeigen die verschiedene CO_2-Produktion, welche, was weiter nicht überraschen kann, am schwächsten auf reinem Sand-

Tabelle 3. Lundegårdhs Bestimmungen des CO_2-Gehalts der Waldluft.

Zeit	Platz	% CO_2 in der Luft	Witterung
16./8. 8 nachm.	Oxalis, Scutellaria, Viola pallustris gemischt	0,054	Windstöße vom Strand her, Sonnenschein.
28./8. 12 mitt.	Farne	0,041	Windstöße vom Strand her, Sonnenschein.
29./8. 12 mitt.	„	0,039	Wind.
2./9. 9 vorm. bis 3 nachm.	Farne und Oxalis	0,0655	stilles Wetter.
2./9. 3-10 nachm.	„	0,034	Windstöße
3./9. 9 vorm. bis 5 nachm.	„	0,049	„
2./9.	„	0,0325	„
3./9.	„	0,037	„
3./9.	„ *)	0,0365	„
30./8. 6-10 nachm.	Melandrium	0,033	„
30./8. 8-10 vorm.	„ **)	0,037	stilles Wetter „
31./8. 6-10 nachm.	Buchenwald nahe dem Strande	0,0415	„
1./9. 9 vorm. bis 2 nachm.	Buchenwald nahe dem Strande	0,039	„
1./9. 3-5 nachm.	Buchenwald nahe dem Strande	0,041	„
2./9.	Rand d. Erlensumpfs *)	0,0295	„

Die Luft wurde von der Oberfläche des Bodens gesogen, nur bei den mit *) bezeichneten Versuchen 1,2 m, bei dem mit **) bezeichneten 2 m über dem Boden entnommen.

boden ist. Auffallend hoch ist sie im Buchenwaldmoder, der locker, gut durchlüftet, von fallenden Blättern bedeckt und durch hohe Bakterientätigkeit ausgezeichnet ist. Am größten ist sie in sich zersetzendem Seetang am Strande.

Einige Bestimmungen des CO_2-Gehaltes der Waldluft sind aus der Tabelle 3 zu ersehen.

Seine Untersuchungen faßt Lundegårdh zusammen in folgende Sätze:

1. Die CO_2-Produktion des Bodens erreicht während der Vegetationsperioden beträchtliche Mengen.

2. Im Walde ist im Bezug auf die CO_2-Produktion des Bodens die Luft an Kohlensäure reich, besonders nahe am Boden, wo krautartige Pflanzen leben. Die CO_2-Konzentration mag hier auf mehr als das Doppelte der normalen steigen. Diese erhöhte CO_2-Zufuhr ist eine wichtige Vorbedingung für die Existenz einer Schattenflora.

3. Die Temperaturbedingungen, welche im Wald überwiegen, sowohl wie die Feuchtigkeit und der Schutz vor dem Wind sind günstig für einen anatomischen Pflanzenbau, welcher eine Ausnutzung des Lichtes auf das äußerste mögliche Maß gestattet.

Lundegårdh schließt daran eine Berechnung über die absoluten CO_2-Mengen, welche vom Boden her in die Luft hinein gelangen, die sich auf seine Bestimmungen stützt. Angenommen eine durchschnittliche Produktion von 1 mg pro 50 qcm pro Stunde, macht das für 1 ha 2 kg, in 24 Stunden 48 kg (scheint mir zu gering, Vf.), in 3 Monaten 4320 kg = 2160000 l CO_2. Gemäß der Berechnung von Ebermayer speichert ein Wald von 1 ha jährlich 3000 kg Kohlenstoff auf, welche 11000 kg Kohlendioxyd entsprechen. Wenn die Assimilationsperiode als etwa $4^1/_2$ Monate angenommen wird, dann ist danach in 3 Monaten produziert $^2/_3 . 11000 = 7300$ kg CO_2. Von dieser Menge liefert der Boden 4320 = etwa 60%.

Diese Berechnung geht von einem zu niedrigen Wert der Bodenatmung aus. Man vergleiche damit meine Berechnungen S. 57 und S. 122.

6. Anschauungen Anderer über die Kohlensäure im Walde.

An der Frage der Kohlensäure im Walde haben viele, die über waldbauliche Fragen schrieben, nicht vorbeigehen können. Es wird natürlich in der forstlichen Literatur in einer Fülle von Abhandlungen auch der Einfluß der Kohlensäure als Nährstoff für den

Aufbau des Holzes gestreift, aber mit wenigen Ausnahmen wird ihr nicht die gebührende Beachtung geschenkt.

Fast alle Wissenschaftler und Praktiker gehen von der schon aufgeführten Berechnung Heidens aus, daß in der atmosphärischen Luft ein gewaltiger Überschuß an CO_2 vorhanden wäre, so daß an diesem Nährstoff niemals Mangel eintreten könne. Ferner stützen sie sich auf den von Ebermayer aus seinen Untersuchungen abgeleiteten Schluß, daß selbst in den schönsten Waldungen mit vorzüglichem Baumwuchs der Kohlensäuregehalt der Waldluft nicht größer ist als in schlechtwüchsigen Beständen, und daß die Kohlensäure zu denjenigen Nährstoffen gehört, welche stets im Überschuß vorhanden ist. Daß diese Folgerungen aus Ebermayers Bestimmungen zu ziehen, zum mindesten gewagt, wenn nicht gar unrichtig ist, ist im vorstehenden schon ausgeführt. Überdies sind viele von dem Gedanken gänzlich beherrscht, daß ein anderer Lebensfaktor den Ausschlag für die Leistung eines Bestandes gäbe. Einige denken dabei nur an das Wasser, andere nur an den Mineralstoffgehalt des Bodens oder nur an den Stickstoffgehalt, wie dies gerade in der letzten Zeit sehr viel der Fall ist. Sie berücksichtigen also nicht, daß das Zusammenwirken mehrerer Faktoren erst die Menge der Holzbildung bestimmt. Daß unter diesen die Kohlenstoffernährung mit an erster Stelle stehen muß, ist ja eine in der letzten Zeit exakt bewiesene Tatsache.

Sich mit all diesen Abhandlungen zu befassen, sie aufzuzählen und zu widerlegen, ist nicht möglich und fällt weit aus dem Rahmen dieser Arbeit heraus. Zudem bringen sie keine neuen Gesichtspunkte, und selbst die in der letzten Zeit erschienenen Aufsätze, die zum Teil durch Zusammenfassen älterer Artikel entstanden sind, sind meist nicht geeignet, nach der einen oder anderen Seite hin das forstliche Wissen zu bereichern. Denn beachtliche, wirklich neue Gedanken werfen sie nicht in die Debatte.

Nur zu einem Artikel Rubners (41) möchte ich Stellung nehmen, der eine Zusammenfassung neuerer Kohlensäureliteratur bringt. Rubner nimmt an, daß die CO_2 nur für niedrigen Jungwuchs Bedeutung habe, nicht für höheren Altbestand. Er sagt dann: „Entschieden zu weit in ihrem Wunderglauben, wie Kreutzer sich ausdrückt, gehen meines Erachtens Hornschu und Meinecke; letzterer ist der Meinung, daß die Höchstzuwachsleistung der Waldbäume erst dann erreicht werde, wenn die zu ihrer Ernährung verfügbare Menge

CO_2 größer ist als die Luft-CO_2, was er in der Waldwirtschaft durch Erhaltung und Erschließung der natürlichen Kohlensäure und Zufuhr von CO_2 auf künstlichem Wege für möglich hält. Es ist kaum notwendig, diese unbegründete Hypothese zu widerlegen; aus dem Vorhergehenden geht deutlich hervor, daß eine Analogie mit der Landwirtschaft, die niedere Gewächse züchtet, nicht besteht." Weshalb Waldbäume nicht auch wie jede andere Pflanze für eine erhöhte CO_2-Zufuhr dankbar sein sollen, ist mir nicht erfindlich. Denn auch in einem Altholzbestand muß eine am Boden entstehende größere CO_2-Menge vor ihrem Austausch mit der atmosphärischen Luft über den Bäumen einmal in die Zone der Blätter und Nadeln kommen. Mir erscheint daher Rubners schroffe Ablehnung der Kohlensäuredüngung im Walde nicht begründet.

In dem von Rubner angezogenen Artikel Kreußers (22) spricht dieser von falschverstandener Formel von Stärkebildung und stellt eine Wachstumsförderung durch Kohlensäure gänzlich in Abrede. Für die Entwicklung der Pflanze sei allein der Turgor bestimmend, die Resultante aus Wasserbilanz und Bodenernährung; auf die letzteren wäre allein Liebigs Gesetz des begrenzenden Minimums anwendbar, nicht auf die CO_2. Wenn man das Liebigsche Gesetz überhaupt für den physiologischen Ernährungsvorgang gelten lassen will, so muß man es schon auf alle Nährstoffe, zu denen als einer der wichtigsten auch die Kohlensäure gehört, anwenden. Exakter als es geschehen ist, kann eine Wachstumssteigerung durch Kohlensäurezufuhr nicht nachgewiesen werden. Es ist nicht zu verstehen, wie Kreußer diese in Abrede zu stellen versucht und dann vom „Wunderglauben" anderer spricht.

Es soll aber nicht verkannt werden, daß auch eine Reihe von in der Praxis stehenden Forstleuten der Kohlensäure einen größeren Einfluß zugeschrieben haben, als es gleichzeitig die Vertreter der Wissenschaft getan haben. Ich nenne von älteren z. B. Forstmeister Wagener, der in seinem Waldbau die Unterschiede der Produktionsgrößen verschiedener Bodenarten nicht ihrem größeren oder geringeren Nährstoffgehalte zuschreibt, sondern sie allein in dem verschiedenen Feuchtigkeitsgrade und in der Menge der Kohlensäure sieht, welche aus der Grundluft eines humusreichen, lockeren Bodens in die Waldluft aufsteigt und durch die Blätter der Krone zieht.

Nachdem die Erfolge der Landwirte in neuester Zeit mit einer Kohlensäuredüngung bekannt geworden waren, hat Dr. Meinecke

der Ältere im Juni 1921 in einem Vortrage (28 S. 750) die Forde=
rung aufgestellt, daß die Kohlensäure in ganz anderem Umfange
als bisher auch von der Forstwirtschaft beachtet werden müsse, daß
Versuche mit Kohlensäure angestellt werden, um den Zuwachs in
den Wäldern zu steigern. Er stellt im Gegensatz zu der Heidenschen
und Ebermayerschen Theorie die Hypothese auf: „Die Höchst=
zuwachsleistung der Waldbäume wird erst dann erreicht, wenn die
zu ihrer Ernährung verfügbare Menge (= Konzentration) Kohlen=
säure größer ist als die Luftkohlensäure." Er spricht die Vermutung
aus, daß die überraschenden Erfolge in Bärenthoren in der Haupt=
sache auf einer unbewußten Förderung der Kohlensäureerzeugung
beruhen.

Fast gleichzeitig hat auch Hornschu (18) dem Gedanken Ausdruck
gegeben, daß die Erfolge der Reisigdüngung in Bärenthoren in einer
Düngung durch Kohlensäure begründet seien. Auf die Kohlensäure=
düngung Hornschus im Pflanzgarten ist schon hingewiesen worden.

Oelkers (32) nimmt die Gedanken der Kohlensäuredüngung im
Walde auf; er knüpft daran Vorschläge, durch waldbauliche Maß=
nahmen die Kohlensäuredüngung zu vermehren. Interessant ist eine
Studie über die Menge der Kohlensäure, die zur Bildung des jähr=
lichen Zuwachses eines 45jährigen Kiefernbestandes dritter Bonität
erforderlich sind. Er berechnet 3600 kg CO_2, die in rund 6 Millionen
Kubikmeter Luft = dem 50fachen des Bestandesvolumens enthalten
sind. Diese Menge dürfte aber zu gering sein; denn es ist nicht die
Menge der Assimilate in Rechnung gezogen, welche zur Bildung von
Nichtderbholz, also von neuen Nadeln, Zweigen, jüngeren Ästen und
des Zuwachses des unterirdischen Pflanzenkörpers verbraucht werden,
und derjenigen, welche durch die Atmung der Pflanzen wieder auf=
gezehrt werden. Danach dürfte reichlich das Doppelte erforder=
lich sein.

Wichtig scheint mir noch eine Arbeit Hartmanns (13) zu sein,
der mit Entschiedenheit darauf hinweist, daß das Ziel einer ratio=
nellen Wirtschaftsführung sein müsse, den Kohlenstoffkreislauf mög=
lichst zu vergrößern und die Nachhaltigkeit des Kreislaufes im Wege
der stetigen Erhaltung des Waldorganismus zu suchen. Denn ein
gutes Wachstum sei von einem möglichst rationellen Nährstoffkreis=
lauf, wenigstens soweit es den Wald betrifft, abhängig. Es seien
demnach Wachstumsgröße und Nährstoffkreislauf zueinander direkt
proportional.

Alle diese Ausführungen beruhen auf theoretischen Überlegungen. Denn über die natürlichen Verhältnisse im Wald in Bezug auf den Kohlenstoffhaushalt ist herzlich wenig zahlenmäßig bekannt. Meine Bestimmungen sollen die wissenschaftlich exakten Grundlagen zu geben helfen, auf denen weitergebaut werden kann.

Meine Versuche.

Meine Versuche sind unternommen, um über die Bodenatmung, d. i. die CO_2-Abgabe des Bodens, und ihre Bedeutung für die Kohlenstofferernährung des Waldes ein einigermaßen klares Bild zu bekommen, was nur durch möglichst zahlreiche Bestimmungen unter den verschiedensten Verhältnissen erreicht werden kann. Daneben sollten einige widersprechende Angaben über den Kohlensäuregehalt der Waldluft und den Einfluß des Windes darauf nachgeprüft werden.

7. Bestimmungen des CO_2-Gehaltes in der Waldluft.

Es galt, diejenigen Angaben in der Literatur, welche den Gehalt der Waldluft an Kohlensäure teils als erheblich höher, teils dagegen als im wesentlichen mit der freien Luft übereinstimmend bezeichnen, einer Nachprüfung zu unterziehen. Dabei war der größte Wert auf die zur Zeit des Versuches herrschenden Witterungsbedingungen zu legen, und es mußten vergleichende Messungen in verschiedenen Höhen über dem Boden vorgenommen werden. Ferner sollte der Einfluß des Windes festgestellt werden, über den die Meinungen sehr geteilt sind. Sagt doch z. B. Reinau (36 S. 117), daß für die Waldbäume die Windgeschwindigkeit mit Rücksicht auf die Deckung des CO_2-Bedarfs wohl unwesentlich ist.

Für meine Bestimmungen benutzte ich die Pettenkofersche Absorptionsmethode. In einer Flasche wurden durch Ausfließenlassen von 6 l Wasser innerhalb von 4 Stunden die gleiche Menge Luft eingesogen. Diese hatte vorher zwei hintereinandergeschaltete, je 50 cm lange Absorptionsröhren in kleinen Bläschen passieren müssen, die mit je 150 ccm genau eingestellter Barytlösung gefüllt waren. Dabei wird die in der Luft enthaltene CO_2 als unlösliches Bariumkarbonat gebunden. Es erwies sich als unbedingt erforderlich, zwei Absorptionsröhren zu verwenden, da selbst bei so langsamem Durchsaugen in der ersten Röhre 10—20% CO_2 zu wenig gebunden wurden. Durch Titrieren mit $^1/_{10}$-normal-Salzsäure wurde unter Verwendung von Phenolphthalein als Indikator die in 1 l der untersuchten Luft enthaltene Menge CO_2 bestimmt. Leider fehlte es mir an einem Apparat, um die Windgeschwindigkeit zu messen; dieser ist während der Versuche im Walde nur als ganz schwache Luftbewegung zu merken gewesen.

Diese Bestimmungen wurden in dem auf S. 38 beschriebenen 24jährigen Fichtenbestand vorgenommen, in nächster Nähe der Probestellen II A—C. Sie sind auf der Tabelle 4 zusammengestellt.

Tabelle 4. Bestimmungen des CO_2-Gehalts der Waldluft 1923.

Nr.	Tag und Stunde	Höhe über dem Boden	Witterung	Durchschnittstemperatur während des Versuches	Vol.-Proz. CO_2	Bodenatmung. gCO_2 des Standardversuches
1.	4. 5. 10 vorm. bis 2 nachm.	10 cm über dem Boden	Sonnenschein, **vollständig windstill**	19°	0,294	8,4
2.	1. 6. 9 vorm. bis 1 nachm.	1 m über dem Boden	Sonnenschein, **sehr geringer Wind**	18°	0,072	} 9,0
3.	1. 6. 2 nachm. bis 6 nachm.	10 cm über dem Boden	Sonnenschein **etwas mehr Wind**	18°	0,051	
4.	2. 6. 9 vorm. bis 1 nachm.	6 m über dem Boden im unteren Drittel der Baumkronen	trüb, **etwas Wind**	14°	0,041	} 11,3
5.	2. 6. 1³⁰ bis 5²⁰ nachm.	1 m über dem Boden	trüb, **stärkerer Wind**	14°	0,0405	
6.	3. 6. 10 vorm. bis 2 nachm.	1 m über dem Boden	sanfter Regen, **fast windstill**	10°	0,045	11,9
7.	5. 6. 9 nachm. bis 1 nachts	1 m über dem Boden	**fast windstill**	5°	0,062	11,8
8.	6. 6. 6 nachm. bis 9 nachts	10 cm über dem Boden	leichter Regen, **windstill**	8°	0,068	—
9.	7. 6. 10 vorm. bis 1 nachm.	1 m über dem Boden	trüb, **etwas Wind**	12°	0,053	12,4

Den höchsten CO_2-Gehalt ergeben die Bestimmungen 1, 3 und 8, bei welchen die Luft 10 cm über dem Boden untersucht wurde. Der

Durchschnitt aus diesen liegt wesentlich höher als derjenige aus den Bestimmungen 2, 5—7 und 9, für die die Luft aus einer Höhe von 1 m über dem Boden entnommen wurde. Verhältnismäßig, wenn auch nicht absolut, am niedrigsten liegt der Wert der Bestimmung in 6 m Höhe.

Der Einfluß des Windes ist sehr erheblich, obgleich vom Wind während der Bestimmungen niemals mehr als ein schwacher Hauch im Walde wahrgenommen wurde. Von den drei Bestimmungen, die in 10 cm Höhe vorgenommen wurden, zeigt Nr. 1 bei klarem Wetter und völliger Windstille den sehr hohen Gehalt von 0,294 $^0/_0$ mg; das ist das Zehnfache der sonst in der Luft enthaltenen CO$_2$-Menge (0,03%). Bei Versuch Nr. 8, ebenfalls bei Windstille, aber bei leichtem Regen, ist der Gehalt immer noch ziemlich hoch; durch das die obere Bodenschicht befeuchtende Wasser ist sicher eine größere Menge CO$_2$, die in Wasser verhältnismäßig reichlich löslich ist, in Lösung gehalten, und deshalb ist wohl der Gehalt der Luft eben über dem Boden niedriger als bei Nr. 1. Versuch 3 zeigt, daß ein geringer Wind den Gehalt der Luft sogar dicht über dem Boden wesentlich beeinflußt hat.

Von den in 1 m Höhe vorgenommenen Bestimmungen ergibt Nr. 2 bei Sonnenschein und sehr geringem Wind den höchsten Gehalt, etwa 240% des durchschnittlich in der Luft gefundenen Gehaltes. Es folgt Versuch 9 bei trübem Wetter und etwas Wind, darauf Nr. 6 bei nahezu Windstille und sanftem Regen, der wegen der Löslichkeit der CO$_2$ im Wasser den Gehalt der Luft beeinflußt, und zuletzt Nr. 5 bei trübem Wetter, aber stärkerem Wind. Die Bestimmung Nr. 7 wurde in der Nacht vorgenommen bei sehr windstillem Wetter. Für den im Vergleich zu Nr. 2 etwas geringeren CO$_2$-Gehalt dürfte die bei der niedrigen Temperatur in der Nacht sehr viel geringere Tätigkeit der Zersetzungsbakterien in der Streu bestimmend gewesen sein. Da wegen Fehlens des Sonnenlichts die Assimilation, also der CO$_2$-Verbrauch in den Blättern sehr weitgehend herabgedrückt wird, wäre bei gleicher Temperatur eher ein etwas höherer Gehalt zu erwarten gewesen.

Der Versuch Nr. 6, der bei trübem Wetter und etwas Wind die Luft in 6 m Höhe zwischen den grünen assimilierenden Fichtenzweigen anzeigt, beweist, daß eine Anreicherung an CO$_2$ in der atmosphärischen Luft bei günstigen Bedingungen in größere Höhen hinaufreicht. Der Gehalt wäre wahrscheinlich ein noch höherer, wenn nicht schon ein Teil der CO_2 von den tieferstehenden Zweigen verbraucht worden wäre. Der Versuch entkräftet den Einwand gegen die Kohlensäuretheorien, daß eine Vermehrung der CO_2 nur durch die dicht über dem Erdboden assimilierenden Blätter und Nadeln ausgenützt werden könnte, für ältere Bestände aber ohne Bedeutung sei. Es sind sicherlich alle diejenigen waldbaulichen Momente, die eine rasche Diffusion in den Beständen verhindern, also Windschutz gewähren, dabei von größter Wichtigkeit. Daß die Bestimmung Nr. 5 vom gleichen Tage den gleichen, aber keinen höheren CO_2-Gehalt in einer Höhe von 1 m anzeigt, erklärt sich leicht dadurch, daß sich zur Zeit des zweiten Versuches ein stärkerer Wind aufgemacht hat. Zur Zeit des ersten Versuchs ist sicherlich der Gehalt in 1 m Höhe höher gewesen als 0,041%.

Zweier Versuche nach dem bei der Bestimmung der Bodenatmung üblichen Verfahren, das später beschrieben ist, muß gleich hier Erwähnung getan werden. Es sollte festgestellt werden, ob die direkt über dem Erdboden in einer Schale mit Kalilauge aufgefangene Menge CO_2 eine größere ist als diejenige, welche gleichzeitig auf die gleiche Weise in einer Höhe von 3 m absorbiert wird. Tatsächlich zeigte sich, daß am Boden 15,0 g, 3 m über demselben in der gleichen Zeit 13,8 g CO_2 aufgefangen wurden. Es ist das ein, wenn auch ein verhältnismäßig roher Beweis dafür, daß der CO_2-Gehalt in der Nähe des Bodens größer ist als in einiger Höhe.

Durch diese Bestimmungen des CO_2-Gehaltes in der Waldluft ist also die Wahrnehmung anderer Forscher bestätigt worden, daß der Gehalt in der Nähe des Erdbodens bei weitem der höchste ist. Ich fand bis zur 10fachen Menge des Normalen. Nach oben hin nimmt er, wenn auch weniger rasch, als allgemein angenommen wird, ab. Ich fand ihn stets beträchtlich höher, als er im Durchschnitt im Freien beträgt. Der Einfluß des Windes kann gar nicht hoch genug eingeschätzt werden, und auf ihn wird die Praxis des Forstmannes, der von der Bedeutung der Kohlenstoffernährung für seinen Wald überzeugt ist, sich in erheblichem Maße einzustellen haben. Der Einwirkung des Windes gegenüber treten vermutlich die anderen Faktoren, wie Regen, Temperatur, Licht, Menge der vom Boden abgegebenen Kohlensäure, welche ebenfalls den CO_2-Gehalt der Waldluft beeinflussen, entschieden in den Hintergrund. Eine direkte Abhängigkeit zwischen den Werten der Bodenatmung und der Kohlensäuremenge in der Luft ließ sich nicht auffinden.

8. Bestimmungen der Bodenatmung.

Mein Verfahren.

In enger Anlehnung an Bornemanns Verfahren (s. S. 11) und nach Rücksprache mit diesem habe ich meine Apparate zusammengestellt. Diese haben im Laufe der Zeit verschiedene Umgestaltungen und Verbesserungen erfahren.

Vom Klempner wurden aus starkem Zinkblech 9 Hohlzylinder von 21 cm lichtem Durchmesser und 18 cm Höhe angefertigt. 2 cm unter dem oberen Rand war von außen eine $1^1/_2$ cm breite und 2 cm hohe Rinne aufgelötet. Diese Zylinder werden nach Auswahl geeigneter Stellen im Walde genau senkrecht auf den Boden gesetzt, mit einem Brett leicht heruntergedrückt und langsam in die Erde gepreßt, wobei mit einem Messer oder Stemmeisen an der Außenseite vorsichtig schneidend oder stoßend der Platz für den Zylinderrand von Hindernissen, wie trockenen Zweigen, Blättern, dünnen Wurzeln, kleinen Steinen usw., frei gemacht wird. Auf diese Weise, bei der auf Erhaltung der natürlichen Lagerung des Bodenüberzugs und der oberen Erdschichten große Sorgfalt verwendet wird, werden die Zylinder 15 cm tief in die Erde gedrückt (vgl. Abb. 1).

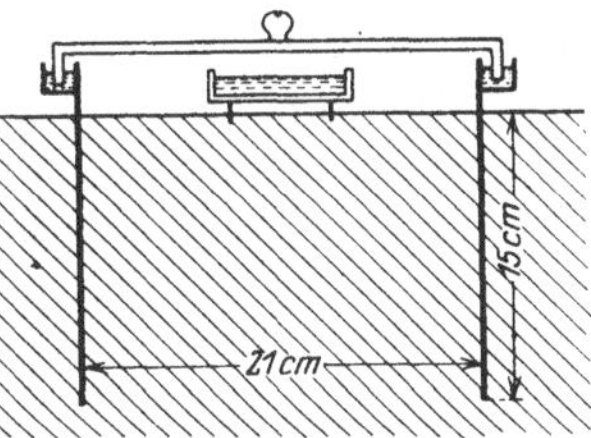

Abb. 1. Apparat zur Bestimmung der Bodenatmung.

Nach einigen Tagen, während welcher sich die in ihrer Lebensäußerung beim Eindringen des Zylinders doch wohl etwas gestörte Kleinlebewelt erholen soll, wird auf einem dreibeinigen, aus Draht gefertigtem Gestell innerhalb des aus dem Boden herausragenden Ringes eine flache Glasschale von 10 cm lichtem Durchmesser und 2 cm Höhe aufgestellt. In diese werden 25—50 ccm einer 5%igen Kalilauge gegossen, welche durch Zusatz von etwas Bariumhydroxyd gänzlich kohlensäurefrei gehalten wird. Kleine Mengen Kohlensäure, die beim Öffnen des Gummistopfens in die Aufbewahrungsflasche kommen, scheiden sich sofort als unlösliches Bariumkarbonat am Boden ab.

In die Rinne am Rand des Zylinders wird etwas Wasser gegossen, und dann wird eine genau hineinpassende Glocke aus starkem Glase von 22 cm lichter Weite und mit etwa 3 cm hohem senkrechtem Rand darauf gesetzt. Hierbei wird darauf geachtet, daß sich nicht etwa Grashalme oder Nadeln dazwischen setzen. Es wird hierdurch ein unbedingt luftdichter Verschluß erzielt, also vermieden, daß CO_2 aus der umgebenden Luft unter die Glocke und in die Kalilauge gerät.

Die dem Boden entströmende Kohlensäure (Kohlensäureanhydrid, CO_2) verbindet sich mit dem in der Kalilauge in der Schale befindlichen Kaliumhydroxyd unter Bildung von Wasser zu Kaliumkarbonat.

$$CO_2 + 2\,KOH = K_2CO_3 + H_2O.$$

Kaliumkarbonat ist im Wasser leicht löslich und scheidet sich nicht ab.

Die Versuche werden morgens um 8 Uhr begonnen und am nächsten Morgen um die gleiche Zeit abgebrochen. Die Schalen werden dann mit einem aufgeschliffenen Glasdeckel verschlossen und zur Weiterbehandlung ins Haus gebracht.

Nach Prof. Bornemanns Anleitung ist ein Kasten erbaut worden, in dem die Weiterbehandlung unter Abschluß der atmosphärischen Luft stattfinden kann. Die Vorderwand des 40 cm im Quadrat messenden Holzkastens ist durch eine herausziehbare Glasplatte gebildet; an der rechten Seite befindet sich eine Öffnung mit einer Gummimanschette, die am Arm dicht abschließt. Vor der Hinterwand wird ein Tuch gespannt, das in eine darunter stehende Wanne mit Kalilauge getaucht ist; hierdurch wird alle im Kasten befindliche Kohlensäure absorbiert. Auf dem Kasten steht eine Spritzflasche, deren Spitze im Kasten beweglich ist und durch einen Quetschhahn geöffnet werden kann.

In diesen Kasten wird die Schale mit der Kalilauge aus der Glocke gesetzt. Nachdem alles sorgfältig verschlossen ist, werden in ein Becherglas 50—100 ccm (stets ein Überschuß erforderlich!) nahezu gesättigten etwa 5 % Barytwassers gegossen, die Kalilauge dazu gefüllt und die Schale mit ausgekochtem kohlensäurefreien Wasser nachgespült. Es bildet sich Bariumkarbonat, das sich als weißer Niederschlag abscheidet:

$$Ba(OH)_2 + K_2CO_3 = BaCO_3 + 2\,KOH.$$

Das Bariumkarbonat wird nach mehrmaligem Dekantieren quantitativ auf ein Filter gebracht und mit Wasser mehrfach ausgewaschen.

Der Bariumkarbonatniederschlag auf dem Filter wird durch die Luftkohlensäure nicht mehr verändert und kann also aus dem Kasten herausgenommen werden. Er wird in einem Becherglas in 25 bis 100 ccm (je nach Bedarf) $^1/_2$-normal-Salzsäure gelöst und deren Überschuß mit $^1/_2$-normal-Kalilauge zurücktitriert, 2 Tropfen Methylorange als Indikator. Dadurch findet man, wieviel Kubikzentimeter $^1/_2$-normal-Salzsäure gerade eben ausgereicht hätten, um das Bariumkarbonat zu lösen. Da nach der Formel:

$$BaCO_3 + 2\,HCl = BaCl_2 + CO_2 + H_2O,$$

einem CO_2 zwei HCl entsprechen, so entspricht 1 ccm $^1/_1$-normal-Salzsäure einem halben Mol CO_2, 1 ccm $^1/_2$-normal-Salzsäure einem Viertel Mol, also 11 mg CO_2. Es läßt sich durch Multiplikation mit der Zahl der verbrauchten Kubikzentimeter $^1/_2$-normal-Salzsäure finden, wieviel Milligramm CO_2 von einer Kreisfläche mit dem Durchmesser 21 cm produziert sind. Daraus kann man wieder errechnen, wieviel Gramm CO_2 auf 1 qm entstehen.

Da sich bald herausstellte, daß es nicht möglich war, die mit dem Glasdeckel verschlossenen und mit Kalilauge gefüllten Schälchen zu transportieren, so mußte ihre Behandlung eine Umgestaltung, zugleich eine Verbesserung erfahren. Zu Hause werden jetzt in einen Erlenmeyer-Kolben von 250 ccm Inhalt 50—100 ccm Barytlösung gefüllt und mit gutschließendem Stopfen verschlossen. An Ort und Stelle des Versuchs wird die Kalilauge in dem Schälchen unter Benutzung eines Trichters zu der Barytlösung gefügt, das Schälchen mit Wasser gut ausgespült und der Kolben wieder verschlossen.

Da es schwierig war, aus dem Kolben das Bariumkarbonat auf das Filter zu bringen, wenn dies in dem Kasten zur Absperrung der Luftkohlensäure geschehen sollte, wurde dies reichlich unbequeme Verfahren verbessert und vereinfacht. Durch Benutzung einer schwachen Wasserstrahlluftpumpe wird das Filtrieren so beschleunigt, daß es an der Luft geschehen kann, wenn vom Niederschlag mehrfach mit warmem Wasser abdekantiert worden ist. Die hierbei sich bildende Menge Bariumkarbonat ist, wie durch Versuche festgestellt wurde, so gering, daß sie demnach ohne Bedeutung ist.

Ich glaube, die natürliche Lagerung des Bodens und damit die Lebensbedingungen der Bakterien so wenig einer Änderung unterworfen zu haben, wie das möglich ist. Trotzdem bin ich mir darüber im klaren, daß meine Zahlen nicht absolut genau die Mengen Kohlensäure angeben, die tatsächlich ohne den Versuch dem Boden entströmen. Wie schon bei der Würdigung des Lundegårdhschen

Verfahrens kurz gesagt wurde, entsteht über der Absorptionsflüssig= keit eine Kohlensäurekonzentration von nahezu Null. Die dieser Stelle zuströmende Kohlensäure wird sofort wieder absorbiert. Es bildet sich also ein dauerndes Kohlensäuredruckgefälle aus der Boden= luft zu der Glocke, das größer ist als das gewöhnliche. Denn der Kohlensäuregehalt in der Atmosphäre geht im ungünstigsten Falle nur unwesentlich unter 0,03% zurück. Während des Versuchs wird also Kohlensäure aus dem Boden ausgesogen; die gefundenen Werte müssen demnach stets etwas zu hoch sein. Nach verschiedenen älteren Untersuchungen ist der CO_2=Gehalt der Luft im Boden dicht unter der Oberfläche 10mal so hoch wie dicht über ihm. Das normale Druckgefälle ist demnach 10 : 1, unter den Bedingungen des Ver= suchs 10 : 0, also um 10% größer. Man kann also damit rechnen, daß mein Verfahren die Werte der Bodenatmung um 10% zu hoch angibt.

Auch die Absperrung vom Luftsauerstoff und vom Regen sowie das Zurückhalten eines Teiles der Sonnenstrahlen sind Störungen in dem natürlichen Zustand, die sich während der Dauer des Ver= suchs nicht umgehen lassen. Es werden daher die Versuche an dem= selben Platze so eingerichtet, daß zwischen zwei Versuchstagen immer zwei Ruhetage liegen, an denen sich die natürlichen Verhältnisse im Boden wieder herstellen sollen.

Trotz dieser genannten Mängel bin ich durchaus der Überzeugung, daß die durch sie bedingten Abweichungen bei weitem geringer sind, als sie sich bei irgendeinem anderen der mir bekannten Verfahren einstellen. Einen absolut genauen Aufschluß über die natürlichen Verhältnisse vermag keins zu geben. Wenn man exakte Vergleichs= zahlen bekommen kann, so genügt das vollauf.

In der Praxis hat sich das Verfahren bei den 314 Bestimmungen, die nach ihm ausgeführt wurden, gut bewährt. Ein sehr schätzens= werter Vorteil vor allen anderen Arbeitsweisen ist der, daß zu ihrer Durchführung ein Laboratorium nicht benötigt ist. Die Apparate sind wenig empfindlich und können ohne große Schwierigkeiten transportiert werden. Das Filtrieren, das Auswaschen und das Titrieren können auf jedem festen Tisch im Hause vorgenommen werden, wenn ein Wasserleitungshahn für die Saugpumpe in der Nähe ist.

Wenn zwei verschiedene Probestellen miteinander verglichen werden sollen, so dürfen die an ihnen gefundenen Werte nur dann

verglichen werden ohne weiteres, wenn sie nach dem gleichen Ver=
fahren und zur gleichen Zeit, d. h. unter denselben Witterungs=
bedingungen erhalten sind. Deshalb wird stets eine Standard=
versuchsreihe angelegt, bestehend aus drei nahe beieinander liegen=
den Entnahmestellen, von den täglich eine mit untersucht wird. Ein
Vergleich mit diesen Werten ermöglicht es, annähernd das Ver=
hältnis der Bodenatmung an den Versuchsstellen abzuschätzen. Man
kann also sagen, die Kurve der Werte von der Stelle X liegt etwas
bzw. viel über oder unter der Kurve der Standardwerte, oder sie
ist größeren Schwankungen unterworfen als diese.

Nur über diesen Umweg ist es auch möglich, zwei Probestellen
im gleichen Revier miteinander zu vergleichen. Denn ein Wert a
an einer Stelle X kann absolut vielleicht höher sein als ein Wert b
an einer Stelle Y an einem anderen Tage. a beträgt aber nur
90% des Standardwerts für diesen Tag, b dagegen 120% des
Standardwerts für den betreffenden Tag, der gerade, etwa wegen
niedriger Temperatur, selbst niedrig ist. Dann ist doch an der
Stelle Y die Bodenatmung um ein Drittel größer als an der
Stelle X. Ein direkter Vergleich etwa der Neubruchhausener mit
den Bärenthorener Bestimmungen auf Grund des Verhältnisses der
Einzelbestimmungen zur jeweiligen Standardreihe ist allerdings nicht
angängig. Es ist hier nur möglich, durch ziemlich unsichere will=
kürliche Schätzung die beiden Standardreihen zueinander in Be=
ziehung zu setzen. Man muß dann berücksichtigen, daß ein bei dieser
Schätzung gemachter Fehler beim Vergleich von Einzelbestimmungen
untereinander sich stets wiederholt und unter Umständen sehr erheb=
lich werden kann.

Die fortlaufende Kurve der Standardwerte soll weiter ermög=
lichen, den Einfluß der Witterung auf die Kohlensäureproduktion
im Boden festzustellen und ihn für Vergleiche auszuschalten. Dazu
werden täglich morgens, mittags und abends festgelegt: die Luft=
temperatur, der Barometerstand, die relative Luftfeuchtigkeit, der
Taupunkt, die Windrichtung und, um einen gewissen Anhalt für
die Dauer der Besonnung zu haben, die Stärke der Bewölkung.
Später ist auch eine Messung der Bodentemperatur in 10—15 cm
Tiefe neben der Standardstelle sowie beim Ansetzen und nach Be=
endigung eines jeden Versuchs unmittelbar neben der Entnahme=
stelle hinzugekommen. Außerdem wird die tägliche Niederschlags=
menge bestimmt. Da sich ein Einfluß des Barometerstandes, der

relativen Luftfeuchtigkeit und der Windrichtung nicht feststellen ließ, ist ihre Bestimmung später fortgefallen.

Nachprüfung meines Verfahrens.

Daß nach meinem Verfahren einwandfreie Vergleichszahlen erhalten werden, erhellt daraus, daß je zwei an denselben Tagen im gleichen Bestand vorgenommenen Bestimmungen viermal hintereinander durchaus gleichartige Werte ergeben haben (Reihen I C und I D f. S. 36 und die Abb. 2). Ferner zeigen die Standardkurven einen so gleichartigen, durch die Temperatur und einzelne Regenfälle beeinflußten Verlauf, daß das als der zuverlässigste Beweis für die Brauchbarkeit meiner Methode angesehen werden darf (vgl. besonders die Reihen II A—C auf den Abbildungen 3 und 4). Es kommt natürlich hin und wieder vor, daß infolge größerer Versuchsfehler, wie Verschütten der Flüssigkeiten, ungenügenden Schließens der Glocke auf dem Zylinder oder nicht im Überschuß angewendeter Kalilauge oder Barytwassers, einzelne Versuche ausfallen müssen. Mit Ähnlichem muß bei anderen Verfahren gleichfalls gerechnet werden.

Um festzustellen, in welcher Weise die Saugwirkung der Kalilauge die Ergebnisse beeinflußt, wurden folgende Versuche angestellt:

Es wurden zweimal dicht neben den Standardbestimmungen, die jede 24 Stunden dauern, ein Versuch 48 Stunden lang stehengelassen. Das Ergebnis dieses letzteren müßte gleich der Summe der beiden anderen Versuche sein. Es zeigt sich aber, daß die Einzelbestimmungen 9,45 g und 10,76 g, zusammen 20,21 g bzw. 11,66 g und 10,81 g, zusammen 22,47 g betrugen, während die Mengen aus den 48 Stunden-Versuchen nur 19,94 g bzw. 15,48 g ergaben, also 1% bzw. 31% weniger. In gleicher Weise wurde ein Versuch von 3 Tagen (72 Stunden) mit der Summe eines 24 stündigen und eines 48 stündigen Versuchs verglichen. Es ergab sich 10,80 g (24 Stunden) und 16,72 g (48 Stunden), zusammen 27,52 g zu 19,57 g (3 Tage), das ist 29% weniger.

Um gleichzeitig das Verhältnis der CO_2-Entwicklung am Tage und in der Nacht festzustellen, wurden zweimal neben einem 24 Stunden dauernden Versuch je eine Bestimmung von morgens $7^1/_2$ Uhr bis abends $7^1/_2$ Uhr und von abends $7^1/_2$ Uhr bis zum nächsten Morgen $7^1/_2$ Uhr ausgeführt. Das Ergebnis war: 7,38 g (tags) und 6,79 g (nachts) zu 7,48 g (in 24 Stunden) bzw. 4,91 g (tags) und 4,50 g (nachts) zu 6,24 g (in 24 Stunden).

Hieraus ist zu ersehen, daß die größte Menge der CO_2 gleich nach dem Aufsetzen des Versuchs aufgefangen wird. Es wird wahrscheinlich ein Teil der im Boden schon vor dem Ansetzen entstandenen, aber infolge der langsamen Diffusion noch nicht ausgeströmten CO_2 außer derjenigen gebunden, welche sich während des Versuchs bildet. Deshalb ist die Summe der Ergebnisse zweier Versuche stets höher als der Wert eines gleich lange dauernden. Man erkennt auch, wie wichtig es ist, die Versuchsdauer von 24 Stunden bei allen Bestimmungen möglichst genau innezuhalten. Das Umrechnen auf 24 Stunden ergibt bei längerer Versuchsdauer zu niedrige, bei kürzerer zu hohe Vergleichszahlen.

Falls nicht die Temperaturunterschiede groß sind, wie das an den in Frage kommenden Tagen zutrifft, so ist der Unterschied zwischen der Tages- und der Nachtmenge CO_2 kein großer. Demnach scheint die Lichtmenge, die den Boden trifft, einen wesentlichen Einfluß nicht auszuüben.

Um auch meine Zahlen mit nach einem anderen Verfahren gewonnenen Werten vergleichen zu können, wurden folgende Bestimmungen ausgeführt:

Die zylindrische, unten offene Blechtonne von 70 cm Höhe und 43 cm lichtem Durchmesser, die oben mit einem gut schließenden Hahn versehen war, wurde neben den Standardstellen mit ihrem Rand 5 cm tief in den Erdboden eingelassen, ohne daß die natürliche Lagerung innerhalb des dadurch begrenzten Kreises verändert wurde. Der Inhalt des Fasses betrug dann 94,4 l. Vor Beginn des Versuchs wurde der CO_2-Gehalt der freien Luft an der Versuchsstelle in 50 cm Höhe bestimmt. Nach 24 bzw. 6 Stunden wurde durch Absaugen nach dem Pettenkoferschen Verfahren, Absaugen von 6 Litern Luft unter Benutzung des Hahnes, zwei Absorptionsröhren hintereinander — der CO_2-Gehalt der Luft in der Tonne bestimmt. Beim ersten Versuch, 24 Stunden, fanden sich 5,93 mg CO_2 auf 1 l statt vorher 0,86 mg, also eine Zunahme von 5,07 mg im Liter. Daraus berechnet sich eine CO_2-Abgabe von 3,30 g auf 1 qm in 24 Stunden.

Nach 6 Stunden fanden sich bei dem zweiten Versuch 3,30 mg CO_2 im Liter, statt vorher 1,01 mg, also eine Zunahme von 2,29 mg CO_2 im Liter und in 6 Stunden. Daraus berechnet sich eine CO_2-Abgabe von 1,49 g CO_2 auf 1 qm in 6 Stunden oder von rund 6,0 in 24 Stunden. Die nach der gewöhnlichen Methode am gleichen Tage gefundenen Werte ergaben 11,9 g bzw. 12,4 g CO_2.

Nach 6 Stunden ist die Zunahme von CO_2 in der Tonne schon fast die Hälfte von der nach 24 Stunden. Es ist in der Tonne eine Anhäufung von CO_2 erfolgt, so daß das Druckgefälle, CO_2-Druck in der Bodenluft zu CO_2-Druck in der atmosphärischen Luft, ein geringeres geworden ist. Dadurch verlangsamt sich das Ausströmen der CO_2 aus dem Boden. Es muß sich also nach einer längeren Dauer des Versuchs und bei einer weiteren Erniedrigung des Druckgefälles verhältnismäßig weniger CO_2 ansammeln als bei einem kürzeren Versuch. Lundegårdh hat etwas Ähnliches (vgl. S. 13) bei seinem Verfahren experimentell auch festgestellt.

Es entspricht also das bei dem 6-Stunden-Versuch gewonnene Ergebnis mehr dem Tatsächlichen als das des 24-Stunden-Versuchs. Zweifellos ist aber auch noch die erste Zahl zu niedrig; wieviel hier schon der Einfluß der CO_2-Anhäufung in der Luft in der Tonne ausmacht, kann natürlich nicht genau gesagt werden. Es kommt noch hinzu, daß durch die Tonne eine Erwärmung des Bodens durch die Sonnenstrahlen verhindert wird.

Nach allem vorher Gesagten ist die Zahl 12,4 g CO_2, die nach der gewöhnlichen Methode erhalten wurde, zu hoch, die Zahl 6,0 g CO_2, die bei der Methode des Absaugens aus der Tonne sich ergeben hat, zu niedrig. Das Richtige liegt also dazwischen. Es sei aber nochmals wieder betont, daß es sich bei meinen Zahlen um Vergleichszahlen handelt, und daß es daher gleichgültig ist, um wieviel Prozent alle diese Zahlen gleichmäßig höher sind, als die Bodenatmung tatsächlich ausmacht.

Meine Bestimmungen wurden im Sommer 1922 begonnen. Während des Winters mußten sie naturgemäß ausgesetzt werden; zum Sommer 1923 wurden sie wieder aufgenommen und im September zu Ende geführt.

Es war mir durch die Güte der drei Ehrendoktoren der Eberswalder Forstlichen Hochschule, der Herren Forstmeister Dr. Erdmann in Neubruchhausen, Kammerherr Dr. von Kalitsch in Bärenthoren und Landrat Dr. von Keudell in Hohenlübbichow, vergönnt, in ihren von der forstlichen Welt in den letzten Jahren soviel beachteten Revieren zu arbeiten, um auch zu meinem Teil an der Klärung der dort der wissenschaftlichen Bearbeitung harrenden Fragen beizutragen. Von dieser Güte machte ich um so lieber Gebrauch, als in diesen Forsten eine Reihe von Faktoren, die auch zur Beurteilung meiner Untersuchungen von Wichtigkeit sind, bereits in Veröffentlichungen festgelegt sind. Außerdem wurden Versuche angestellt im akademischen Forstgarten bei Gießen und auf dem Forstgut Ollsen meines Vaters.

9. Die Gießener Bestimmungen.

Diese Bestimmungen wurden hauptsächlich zu dem Zweck ausgeführt, das Verfahren, das später in Norddeutschland zur Anwendung kommen sollte, zu erproben und zu vervollkommnen.

Die CO_2-Entnahmen der Reihen I A—D wurden ausgeführt im Juli 1922 im akademischen Forstgarten (16) bei Gießen, der am Fuße des Schiffenberges gelegen ist. Tertiäre Schichten bilden den Untergrund des Forstgartens. Vorwiegend ist ein schwerer grauer Tonboden vorhanden, unter dem häufig ein sehr fest gelagerter Ockerton folgt. Verwitterbare Mineralien sind nicht vorhanden; auch der Kalk fehlt vollständig.

Tabelle 5. Gießen.

Juli 1922	Mitt.	Max.	Min.	Bewölkung	gCO₂ je 1 qm in 24 Std. Reihen I A	B	C	D	Niederschläge mm	Barometer
6.	21°	28°	12°	1/2 3/4 1/1	10,6					740,8
7.	16°	21°	9°	3/4 3/4 3/4		11,0				751,0
8.	19°	25°	14°	1/1 1/1 R.					1,3	716,3
9.	15°	21°	9°	R. 1/1 0					2,6	747,1
10.	15,5°	22°	14°	1/2 1/1 1/2	10,3					751,5
11.	17°	22°	15°	1/1 1/1 1/1						751,4
12.	14°	16°	12°	R. 1/1 1/1			16,0	16,3	2,5	750,3
13.	15°	23°	12°	1/1 1/1 1/1	9,9				1,1	746,3
14.	16°	21°	12°	1/1 R. R.		12,7			5,3	742,3
15.	15°	19°	11°	1/1 1/1 1/1			14,2	14,6	8,0	736,0
16.	14°	19°	10°	1/1 1/1 1/1	8,6				0,7	741,2
17.	12°	14°	12°	R. R. R.		10,4			2,1	743,4
18.	13°	18°	10°	R. R. R.					2,0	743,8
19.	13,5°	14°	12°	R. 1/1 1/1			13,1	13,4	1,5	746,5
20.	15°	20°	9°	3/4 3/4 3/4	10,7					750,5
21.	19°	25°	10°	0 0 0		15,1				747,0
22.	17°	27°	13°	1/2 1/2 R.			16,1	17,3	5,3	744,9
23.	17°	21°	14°	3/4 1/1 R.	11,6				6,8	739,9
24.	16°	21°	12°	3/4 3/4 1/1		14,6			6,8	741,2
25.	19°	16°	10°	3/4 1/1 1/1			—	14,5		749,0
26.	16°	20°	14°	3/4 1/2 3/4	9,2				0,1	750,4

In der vorstehenden Tabelle 5 sind neben den Zahlen für ge=
fundene Gramm CO_2, bezogen auf 24 Stunden und auf 1 qm,
angeführt einige Angaben über die Witterungsverhältnisse zur Zeit
der Versuche. Außer den Angaben über die Niederschlagsmengen,
welche im Forstgarten selbst gemessen wurden, stammen die übrigen
aus der Wetterbeobachtungsstelle des Physikalischen Universitäts=
instituts, welches etwa 3 km Luftlinie vom Forstgarten entfernt
liegt. Die Tagestemperaturen dürften wohl geringeren Schwan=
kungen im Walde unterlegen haben als in der Stadt, aber das

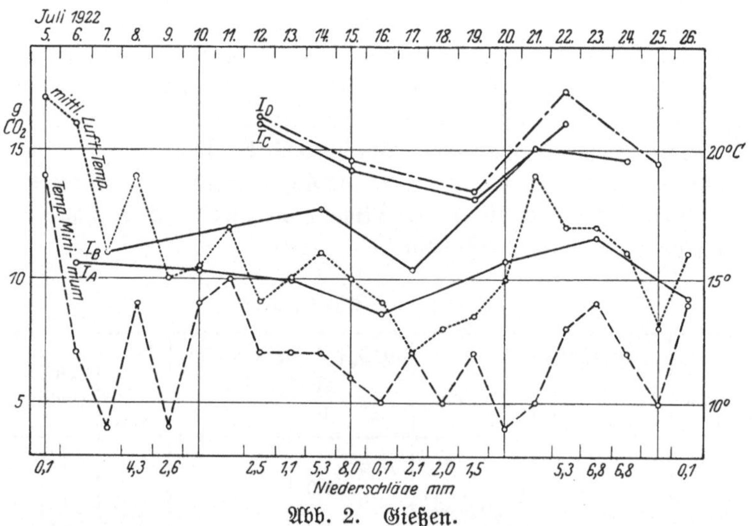

Abb. 2. Gießen.

Tagesmittel wird annähernd das gleiche gewesen sein. Die Luft=
druck=, Wind= und Bewölkungsverhältnisse dürften nur ganz un=
wesentlich voneinander verschieden gewesen sein.

Die Versuchsreihen I A und B wurden durchgeführt im Distrikt III,
Abt. 3, die Reihen I C und D im Distrikt III, Abt. 4. Die Ent=
nahmestellen von I A und I B liegen etwa 10 m, die von I C und
I D etwa 3 m voneinander entfernt in der Mitte der Bestände.

I A und B. Die Abteilung III, 3 ist ein 32jähriger geschlossener
Fichtenbestand, hervorgegangen aus im Jahre 1896 ausgeführter
Reihenpflanzung, hat eine Höhe von 12—15 m, im Durchschnitt
13 m, und einen Mitteldurchmesser in Brusthöhe von etwa 9,5 cm.
Der Standort wäre nach Schwappach als eine erste Fichtenklasse

anzusprechen. Das Gelände ist eben. Das Bodenprofil zeigt folgendes Bild: eine ca. 3 cm dicke Schicht aus Nadeln mit deutlich beginnender Trockentorfbildung, keine Begrünung; eine 7 cm dicke Schicht aus schwarzbraun gefärbtem tonigen Miozänsand; eine 20 cm starke Schicht von graubraunem Ton, allmählich übergehend in sehr festen ockergelben Ton.

I C und D. Die Abteilung III, 4 ist ein 55jähriger, regelmäßig stärker durchforsteter Fichtenbestand, entstanden aus im Jahre 1872 ausgeführter Reihenpflanzung, hat eine Höhe von 18—22 m, im Durchschnitt 20 m, und einen Mitteldurchmesser in Brusthöhe von etwa 18 cm. Es ist also ein Fichtenstandort I.—II. Klasse. Unter den Fichten ist ein ungleichmäßiger und ungleichwüchsiger Unterstand vorhanden von Hainbuche, Eiche, auch Buche und Tanne, durchschnittlich 10 Jahre alt. Der Bodeneinschlag zeigt eine 5 cm dicke Schicht aus feuchtem Moos, Gräsern und verschiedenen Kräutern, sowie gut zersetztem Humus, der kaum mehr unzersetzte Nadeln aufweist, 5 cm graugelben tonigen Sand, darunter Ton mit von Graubraun in Ockergelb übergehender Farbe. Die CO_2-Menge beträgt etwa das Eineinhalbfache derjenigen von I A. —

Es fällt auf, daß die Reihe I B stets wesentlich über der im gleichen Bestand gelegenen Reihe I A liegt. Das hat seinen Grund darin, daß die Apparatur bei I B noch nicht vollständig dicht schloß, also von außenher CO_2 unter die Glocke und dann in die Kalilauge gelangte. Dagegen verlaufen die Reihen I C und I D nahezu parallel und ergeben fast die gleichen Werte. I D liegt immer etwas über I C, aber so wenig, daß das für einen Vergleich ohne Belang ist. Zur Bestimmung der Kohlensäureabgabe in einem gleichartigen Bestand dürfte also in der Regel eine Entnahmestelle genügen.

Die CO_2-Kurve von I A folgt ganz genau der Kurve der mittleren Lufttemperatur. Irgendwelche anderen Witterungsfaktoren scheinen auf sie keinen Einfluß zu haben. Die Kurven von I C und I D weichen in ihrem Verlauf vom 12. 7. zum 15. 7. von der Kurve der mittleren Lufttemperatur etwas ab; in der folgenden Zeit verlaufen sie ihr durchaus entsprechend. Am 15. 7. ist die mittlere Lufttemperatur etwas höher als am 12. 7., die CO_2-Menge jedoch etwas geringer, aber auch das Temperaturminimum ist tiefer. Darin liegt die Erklärung: die Grasspitzen haben in der Nacht ziemlich viel Wärme ausgestrahlt und dadurch die Bodentemperatur hinabgedrückt. Von dieser sind die Bakterien naturgemäß unmittelbar, von der Lufttemperatur dagegen nur mittelbar abhängig. Andere klimatische Faktoren scheinen auch hier ohne Belang zu sein.

10. Die Ollsener Bestimmungen.

Die Versuche 25—166 der Reihen II A—II T wurden ausgeführt auf dem Forstgut Ollsen meines Vaters, das etwa 5 km nördlich der höchsten Erhebung in der Lüneburger Heide, 75—110 m über dem Meere liegt. Schon diese geringe Höhe bewirkt es, daß die gesamte Vegetation in der Regel um etwa 2 Wochen gegenüber der Elbniederung zurückbleibt. Tau und Nebel treten weniger häufig als dort auf, dagegen haben östliche und westliche Winde eine erheblich größere Stärke.

Der Boden besteht vorwiegend aus Diluvialsanden, die ziemlich arm sind an Mineralsalzen. Zum Teil sind die Sande anlehmig oder von zusammenhängenden Lehmadern unterbrochen. Vor gut 20 Jahren war noch fast alles Heide, wurde dann aber ziemlich schnell durch Saaten aufgeforstet. Zur Nachbesserung sind größere Stellen bepflanzt worden.

Die Ergebnisse sind in den Tabellen 6 und 7 und kurvenmäßig in Abb. 3 und 4 zusammengestellt.

II A—C. Die Versuchsreihen II A, B und C bilden die Standardreihen für die Ollsener Bestimmungen. Sie sind angelegt im Jagen 4 in der Nähe des Wohnhauses in einem vorwiegend aus Fichten mit eingesprengten Kiefern gebildeten Bestand. Er ist begründet 1901 auf altem brachliegenden Ackerland durch Reihenpflanzung 2jähriger Fichten und Nachbesserung mit Kiefern und Bankskiefern. 1921 wurden vereinzelte trockene Stämme entfernt und die übrigen aufgeästet. Das Gelände ist eben; das Bodenprofil zeigt folgendes Bild: 25 cm grauer humoser Sand, darunter weicher gelblicher Verwitterungssand. Steine oder krankhafte Bodenverhärtungen (Ortstein) fehlen. Diesem tiefgründigen, lockeren, trockenen Sandboden liegt eine etwa 5 cm hohe Schicht gut verwitternder Fichten- und Kiefernnadeln und kleiner Zweige auf. Eine Begrünung fehlt.

Der Bestand, ein 22jähriges geschlossenes angehendes Fichtenstangenholz, dem etwa 0,2 Kiefern beigemischt sind, hat an der Versuchsstelle eine Höhe von 7—8 m. Danach wäre es eine I. Fichtenstandortsklasse. — Die drei Probestellen liegen etwa 10 m

Tabelle 6. Ollsen 1922.

Aug.	Lufttemperatur	morgens	mittags	abends	A	B	C	D	E	F	G	H	J	K	L	mm
10.	$14\tfrac12{}^{\circ}$	$\frac11$	$\frac14$	$\frac34$	13,0			9,7								
11.	12°	$\frac34$	$\frac11$	$\frac34$		11,2			9,5							
12.	$13\tfrac12{}^{\circ}$	$\frac34$	$\frac12$	$\frac11$			19,9			16,8						0,4
13.	15°	$\frac11$	$\frac11$ ℜ.	0	12,3			7,3								0,4
14.	15°	$\frac34$	$\frac12$	$\frac34$		10,9			10,1							0,2
15.	$12\tfrac34{}^{\circ}$	$\frac11$	$\frac11$	0			17,8			13,8						0,2
16.	14°	0	$\frac12$	0	11,7			8,1								1,6
17.	$17\tfrac12{}^{\circ}$	0	0	$\frac14$		10,3			10,1							3,3
18.	12°	$\frac34$	$\frac11$	$\frac12$			17,9			15,6						3,0
19.	$12\tfrac14{}^{\circ}$	$\frac12$ ℜ.	$\frac34$	$\frac14$	11,3			7,2								3,0
20.	15°	$\frac11$	$\frac11$	0		12,0			9,2		14,0					0,3
21.	18°	0	$\frac12$	0			19,6			14,4						11,6
22.	$18\tfrac12{}^{\circ}$	0	$\frac11$ ℜ.	0	13,0			9,1								26,3
23.	13°	$\frac11$ ℜ.	ℜ.	ℜ.		13,0			13,3		8,0					9,2
24.	12°	$\frac34$ ℜ.	$\frac34$ ℜ.	0			16,7			11,4		7,7				12,8
25.	12°	ℜ.	$\frac11$ ℜ.	ℜ.	11,7						7,2					13,5
26.	$12\tfrac12{}^{\circ}$	$\frac14$	ℜ.	0		11,0						6,0				0,4
27.	17°	0	$\frac14$	0												0,4
28.	$19\tfrac34{}^{\circ}$	0	0	$\frac34$												
29.	$20\tfrac14{}^{\circ}$	0	0	0	13,0						13,0		13,7			
30.	$19\tfrac12{}^{\circ}$	0	$\frac14$	$\frac34$		13,2						7,4		13,8		2,5
31.	$17\tfrac12{}^{\circ}$	$\frac11$ ℜ.	$\frac34$	0											13,2	0,2
					100%			68	90	124	85	58				%

vom Nordostrande des Bestandes entfernt; unter sich haben sie einen Abstand von 1 m.

Die Reihe II C liegt im August 1922 bedeutend über den gleichartigen II A und B; es war der in den Boden gedrückte Zylinder ziemlich undicht, was erst beim Herausnehmen gemerkt wurde, so daß jedesmal von außen her CO_2 dazugekommen ist und die Werte zu hoch geworden sind. Sie folgen zwar recht gut der Temperaturkurve, müssen aber für den Vergleich ausscheiden. Im Frühjahr 1923 wurde die Undichtigkeit beseitigt, so daß von da ab die drei Versuchsreihen eine Standardkurve ergeben. Ihre Werte sind gleich 100 gesetzt.

Die beiden Standardkurven verlaufen ziemlich parallel den Temperaturkurven; für die Zeit April—Mai 1923 ist weiter hinten (S. 81) näher darauf eingegangen.

Tabelle 7. Ollsen 1923.

Spaltengruppen: **Luft- Boden- Temperatur** · **g CO₂ je 1 qm in 24 Std. Reihen II** (A B C | F J K L | M N | O P Q | R S T) · **Bewölkung** · **Niederschläge mm**

April	Luft	Boden	A	B	C	F	J	K	L	M	N	O	P	Q	R	S	T	Bew.	Bew.	Bew.	mm
17.	$2^1/_2{}^0$	$2^3/_4{}^0$		4,8				4,2		4,2								$^1/_1$	$^1/_1$	0	
18.	$3^1/_4{}^0$	$2^1/_4{}^0$			4,7	3,2			4,1									$^1/_4$	$^3/_4$	0	
19.	$5^1/_4{}^0$	$2^3/_4{}^0$	5,2				3,4			4,9								0	0	0	
20.	$7^1/_4{}^0$	$3^1/_2{}^0$		5,0				4,4			4,4							0	0	0	
21.	9^0	5^0			5,3	4,2			6,2									0	$^1/_4$	$^1/_1$	
22.	$5^3/_4{}^0$	$4^1/_2{}^0$	5,6				4,1			4,4								$^1/_1$	$^1/_1$	0	
23.	$6^3/_4{}^0$	$3^3/_4{}^0$		5,2				4,3			4,0							0	$^1/_4$	$^3/_4$	0,6
24.	5^0	$3^1/_2{}^0$			5,5	3,2			5,0									0	$^3/_4$ R.	0	1,4
25.	$7^1/_2{}^0$	$4^1/_2{}^0$	5,4				4,2			3.6								0	$^3/_4$	$^1/_4$ R.	9,0
26.	$11^1/_2{}^0$	$6^1/_4{}^0$		5,6				3,3										$^1/_1$ R.	$^1/_2$	$^1/_1$	0,5
27.	7^0	$5^1/_2{}^0$			6,7				4,5				6,0					$^1/_4$	$^3/_4$ R.	0	0,5
28.	7^0	$4^1/_2{}^0$	5,2				4.2							8,5				0	$^1/_4$	$^1/_4$	0,5
29.	$7^1/_2{}^0$	5^0		6,5				4,1				6,3						$^1/_1$	$^3/_4$ R.	R.	15,6
30.	10^0	$6^1/_2{}^0$			7,0				6,0				4,8					$^3/_4$	$^1/_1$ R.	R.	12,2
Mai																					
1.	$10^1/_2{}^0$	8^0	7,0				4,7							4,4				R.	R.	R.	24,0
2.	$10^1/_2{}^0$	$8^1/_4{}^0$		8,1								8,2			6,7			$^1/_1$	$^3/_4$ R.	0	1,0
3.	10^0	$7^1/_4{}^0$			8,7								9,6			11,7		0	$^1/_4$	0	
4.	$10^3/_4{}^0$	$9^1/_2{}^0$	8,4											9,2			9,6	0	$^1/_4$	0	
5.	$21^1/_4{}^0$	$12^3/_4{}^0$		9,5											11,8			0	0	$^1/_2$	
6.	$18^1/_4{}^0$	12^0			10,8											8,9		$^1/_2$	$^1/_4$	0	
7.	13^0	10^0	7,4														6,7	R.	$^3/_4$	$^1/_1$	5,8
				100 %		68	92	96	99	78	84	97	90	112	104	115	103	%			

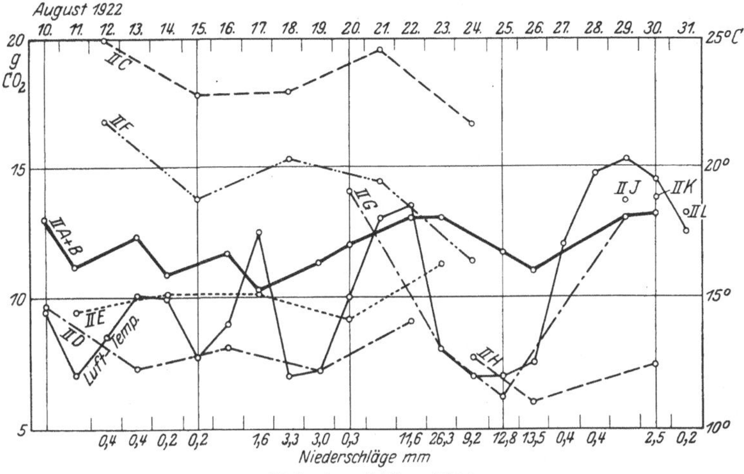

Abb. 3. Ollsen 1922.

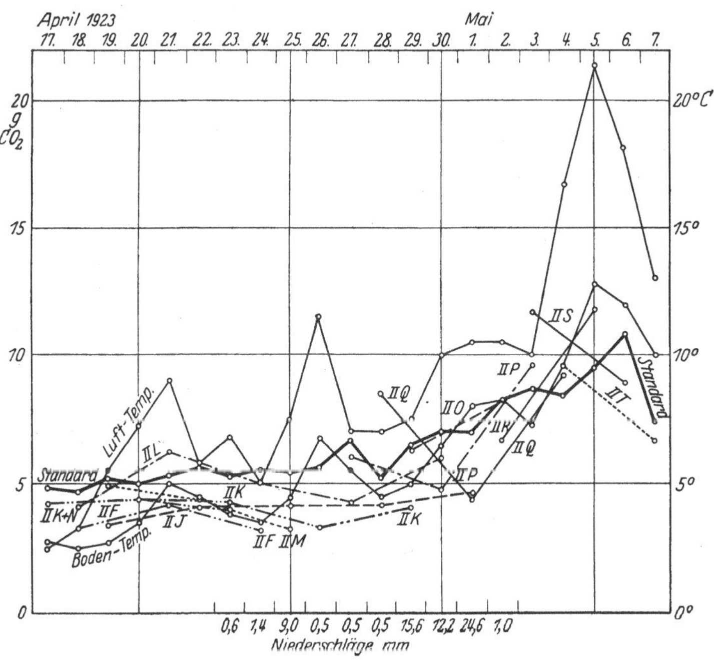

Abb. 4. Ollsen 1923.

II D. Die Probestelle II D liegt im gleichen Bestand wie II A—C, aber an einem Platze, wo der Bestand lückig wird und nur aus Kiefern, Franzosenkiefern und Bankskiefern gebildet wird. Seine Höhe beträgt 5—6 m; es ist also eine III. Kiefernstandortsklasse. Der Boden ist wieder tiefgründig, locker und trocken. Er besteht aus hellgrauem humosen Sand, der bei etwa 25 cm Tiefe in gelb= braunen Verwitterungssand übergeht. Die Bodendecke besteht aus einer 3 cm hohen Schicht von Moos (Polytrichum), auf dem und zwischen dem gut verwitterte Kiefernnadeln liegen. Auch einzelne Gräser finden sich in geringer Menge. — Die Probestelle liegt am Westrand einer ungefähr 5 m im Durchmesser großen Bestandeslücke.

Die CO_2=Menge beträgt im Durchschnitt von 5 Bestimmungen 68% der Standardmenge. Die abfallende Nadelstreu ist nur ver= hältnismäßig klein. Deshalb liegt die CO_2=Produktion unter den Standardwerten und denen der Reihe II E, die im gleichen Bestand gelegen sind.

II E liegt etwa 50 m von II D entfernt. Der Bestand wird aus Bankskiefern und Franzosenkiefern gebildet; er ist ziemlich locker (0,7) und im Durchschnitt 5 m hoch. Der Boden ist tiefgründig, locker und trocken. Er besteht aus hellgrauem Sand, unter dem in 35 cm Tiefe gelbbrauner Verwitterungssand liegt. Die Bodendecke besteht aus einer 3—4 cm hohen Schicht verschiedener grüner Moose und einzelner Gräser, dazwischen verwitternde Kiefernnadeln.

Die CO_2=Menge beträgt im Durchschnitt 90%; die einzelnen Be= stimmungen weichen nur unwesentlich von diesem Mittel ab. Die geringere Menge gegenüber den Standardwerten erklärt sich aus der geringen Menge der abfallenden Streu in dem weniger wüch= sigen Bestand. Der Verlauf der Kurve entspricht durchaus der Temperaturkurve; nur machen sich die Temperaturänderungen erst am folgenden Tage voll bemerkbar.

II F ist unmittelbar neben den Standardstellen II A—C gelegen; die Boden= und Bestandsverhältnisse sind also dieselben. Es wurde aber eine Bodenbearbeitung vorgenommen in der Weise, daß nach gründlicher Zerkleinerung der Bodenbedeckung mit dem Spaten 20 cm tief umgegraben und eine gleichmäßige Mischung des Sandes mit der Streu hergestellt wurde.

Kurze Zeit darauf, im August 1922, ist eine wesentliche Steige= rung gegenüber den Standardwerten festzustellen, die im Durch= schnitt 24% ausmacht, aber schon nach kurzer Zeit merklich zurück=

geht. Die Werte betragen im einzelnen 144, 122, 144, 115 und 95%. Im nächsten Frühjahr ist die CO_2-Entwicklung bedeutend geringer; sie beträgt nur noch im Durchschnitt 68%. Daraus ergibt sich ein Mittel für die ganze Zeit von 96%.

II G und II H. Diese Versuchsreihen liegen auf Heidestücken. Der Boden bei II G ist ein Ortsteinboden. Unter 14 cm Bleich= sand, der oben ziemlich dunkel aussieht, nach unten aber immer heller graublau wird, liegt scharf abgesetzt eine 20 cm tiefe, sehr feste Ortsteinschicht. Der Ortstein ist oben tiefschwarz, wird nach unten allmählich etwas heller und ist dann braun gefärbt. Darunter folgt gelbbrauner Verwitterungssand. Auf dem Boden liegt eine 6 cm starke Schicht von trockenem grauen Moos. Die Heide, welche vor 4 Jahren gehauen worden ist, ist 25 cm hoch. Sie mußte für den Versuch innerhalb des Zylinders abgeschnitten werden, da sonst die Glocke nicht aufgesetzt werden konnte; ringsherum blieb sie stehen.

Bei II H ist der Boden gesund. Unter grauem humosen Sand liegt schon bei 15 cm Tiefe der gelbbraune Verwitterungssand. Die Moosschicht ist nur 2—3 cm hoch, die Heide dagegen, welche seit langer Zeit nicht verändert wurde, ist 40 cm hoch.

Bei II G macht sich in ausgeprägtem Maße der Einfluß der Be= sonnung geltend; der dunkle Bodenüberzug erwärmt sich natur= gemäß sehr leicht, die kurze Heide strahlt diese Wärme aber ebenso schnell wieder aus. Dadurch ergeben sich Schwankungen der CO_2= Mengen, 117, 62, 62, 100%, deren Kurve sich dicht an die Tempe= raturkurve anschließt. Beachtlich ist das hohe Mittel 85%, das sich durch die sehr warmen ersten und letzten Versuchstage ergibt.

Bei II H erhält die höhere Heide dem Boden eine gleichmäßigere Temperatur; deshalb verläuft die CO_2-Kurve viel weniger steil. Der Durchschnitt beträgt 58%.

II J im Jagen 5d, in einem 22jährigen, auf Heideland durch Pflanzung in Pflugfurchen begründeten Kiefernbestand, der voll= geschlossen und 7 m hoch ist. Die Heide ist abgestorben; zwischen ihren Resten breitet sich Hypnum mit Nadeln gemischt in einer 5 cm hohen Schicht aus. Der Boden besteht bis 20 cm aus braun= grauem humosen, anlehmigen Sand; darunter liegt gelber anleh= miger Sand.

Die CO_2-Menge betrug Ende August 111%, im Frühjahr ergibt ihr Durchschnitt nur 72%. Es erhellt daraus, daß in der dichten Kiefernschonung die Zersetzung und CO_2-Entwicklung erst ziemlich spät voll einsetzt. Das Mittel ergibt 92%. — Die obere lockere Bodenbedeckung wurde für die letzten beiden Versuche entfernt; es zeigte sich keine Veränderung der CO_2-Entwicklung. Es scheint also die Zersetzung in der Hauptsache vor sich zu gehen in den in unmittelbarer Berührung mit dem Mineralboden befindlichen Humusteilen.

II K, Jagen 5e. Der Kiefernbestand ist 43jährig, 12 m hoch und 0,7 geschlossen; er wurde durch Saat auf Heide begründet. Die Versuchsstelle liegt 10 m vom Ostrande entfernt. Der Boden ist bedeckt mit 4 cm sich zersetzenden Kiefernnadeln und -zweigen, von Hypnum durchwachsen, und 2 cm etwas verfilztem Rohhumus. Der Boden ist der gleiche wie bei II J.

Auch hier ist im Sommer die CO_2-Menge größer (105%), im Frühjahr kleiner (86%) als bei den Standardversuchen. Das Mittel ergibt 96%. Nach Entfernen der oberen Streu- und Moosschicht geht die CO_2-Produktion ziemlich stark zurück auf 62%. Dies Ergebnis ist das erwartete und bestätigt die Anschauung, daß ein sehr wesentlicher Teil der Kohlensäure seinen Ursprung in Zersetzungsvorgängen der obersten Streuschichten hat.

II L, Jagen 5e. Der Bestand besteht aus 37jährigen, 11 m hohen, 0,7 geschlossenen Kiefern. Der Boden, welcher von einer 6 cm starken, sich gut zersetzenden Nadel- und Reisigauflage bedeckt ist, besteht bis 15 cm Tiefe aus schwarzgrauem, humosen, anlehmigen Sand und darunter aus grünbraunem anlehmigen Sand.

Hier bleibt die Zersetzung im Frühjahr nicht hinter den Standardwerten zurück; sie beträgt 98% im April und 100% im August. Das Entfernen der Streudecke für die letzten beiden Bestimmungen bewirkt eine Herabsetzung auf 77% (s. II K).

II M und N im Jagen 5b, liegen in einem ca. 40jährigen, 12 bis 15 m hohen lückigen Fichtenbestand. II M liegt in der Mitte einer 10 m im Durchmesser großen Gruppe von Fichten. Der Boden, der aus graugelbem anlehmigen Sand besteht, ist mit einer 8 cm hohen Schicht von Nadeln bedeckt.

II N liegt dicht bei II M am Nordrand einer 6 m großen Bestandeslücke. Dem Boden ist eine 2 cm starke Schicht von Polytrichum und darunter eine 4 cm starke Schicht von sich gut zersetzenden Nadeln aufgelagert.

Die CO_2-Mengen betragen bei II M im Durchschnitt 78%, bei II N 84%. Das Moos an der letzteren Stelle wirkt nicht etwa hinderlich; im Gegenteil, es ist hier, wahrscheinlich als Folge des weniger dichten Schlusses und der dadurch ermöglichten besseren Erwärmung, eine stärkere Zersetzung zu beobachten. Es dürfte an dieser Stelle eine Anhäufung von Nadeln weniger leicht eintreten als bei II N, wo schon eine ziemlich starke Lage sich angesammelt hat.

II O, P, Q im Jagen 7, auf einer von 10 m hohen Anflugkiefern eingerahmten Heidefläche.

Bei II O wurde in diesem Jahre, etwa 6 Wochen vor dem ersten Versuch, die Heide gehauen. Es liegt noch etwa 1 cm brauner Heidetorf auf dem Boden. Dieser besteht bis 12 cm Tiefe aus grauem humosen Sand, dessen oberste Schicht von Heidewurzeln durchzogen ist, und darunter aus gelbbraunem Sand.

Bei II P wurde die Heide im vorhergehenden Jahr gehauen. Bodendecke und Boden wie bei II O.

Bei II Q steht die Heide noch; sie ist 30—40 cm hoch. Der Boden, der wie vorstehend beschrieben geschichtet ist, ist mit einer 5 cm hohen Lage von Heidetorf und Heidewurzeln bedeckt.

Die Bodentemperatur auf dieser Heidefläche ist im Mittel über $1^1/_2{}^0$, an einem Tage sogar $2^1/_2{}^0$ höher als an den Standard=stellen. Daraus ergibt sich an den sonnigen Tagen eine verhältnis=mäßig hohe CO_2=Produktion, bei II O und II P (ziemlich gleichmäßig) 97 bzw. 100 % und bei der noch stehenden Heide bei II Q 137 %. An den dazwischen liegenden 2 Regentagen geben II P nur 69 % und II Q nur 63 %; daraus berechnet sich dann ein Mittel für II P von 90 % und für II Q von 112 %.

II R, S und T im Jagen 10. Im Jahre 1917 ist der Bestand durch Feuer gänzlich vernichtet; seitdem ist wieder völlige Ver=heidung eingetreten. Um neu zu kultivieren, wurde folgende Be=arbeitung vorgenommen.

Bei II R wurde im Frühjahr 1922 mit einem gewöhnlichen Acker=pflug die Heidenarbe einmal etwa 10 cm tief umgepflügt. Anfang März wurden die Schollen mit der Scheibenegge zweimal zer=kleinert. Es ist eine ziemlich ebene Fläche entstanden, aus der einzelne nicht ganz zerrissene Heidebulte herausstehen. Anfang April wurden Kiefern in Streifen und Lärchen auf Plätze gesät. Der Bodeneinschlag zeigt 10 cm lockeren hellgrauen Sand, 2 cm Reste der Heide, 40 cm schwarzgrauen humosen Sand, darunter Kies und hellgrauen Sand.

Bei II S wurde die gleiche Methode wie bei II R angewandt, nur mit dem Unterschied, daß erst im Winter 1922/23 gepflügt und

Anfang April 1923 mit der Scheibenegge zerkleinert wurde. Die Fläche ist viel mehr durch zerrissene Heidebulten ungleichmäßig. Die Saat erfolgte Ende April 1923. Das Bodenprofil ist folgendes: 12 cm lockerer braungrauer Sand; 3 cm Heidereste; darunter wie bei II R.

Bei II T, wenige Schritte von II R und II S entfernt, ist auf einem schmalen Streifen die Heide erhalten geblieben. Sie ist 30—60 cm hoch, im Durchschnitt 40 cm, dünnstengelig und ziemlich geschlossen. Die obersten 5 cm des Bodens sind mit ihren Wurzeln durchzogen. Dann folgen 45 cm schwarzgrauer humoser Sand und darunter Kies und hellgrauer Sand.

Bei II T ist die Erwärmung — es handelt sich um sonnige Tage — eine größere als bei den Standardversuchen und auch als bei den Versuchsstellen II R und II S auf dem hellen Sand. So erklärt sich die hohe CO_2-Menge von 103%. Von den Reihen II R und II S weist die letztere eine höhere CO_2-Produktion auf, 115% im Vergleich zu 104%. Bei II R ist ein beträchtlicher Teil der Heidereste zweifellos schon während des Sommers 1922, wo die Abteilung grobschollig gepflügt gelegen hatte, zersetzt worden, was bei II S nicht der Fall ist. Jetzt befindet sich an dieser eine größere Menge zersetzbarer organischer Substanz, und daher ist die CO_2-Entwicklung eine stärkere.

Zusammenfassung. Bei der Zusammenstellung der Ollsener Versuche ergibt sich folgende Reihe.

100% II A—C. Standardreihe, 22jähriges geschlossenes Fichtenstangenholz.

115% II S. Heidefläche, in diesem Jahre gepflügt und mit der Scheibenegge bearbeitet.

112% II Q. Alte Heide, 30—40 cm hoch (Frühjahr).

104% II R. Heidefläche, im letzten Jahre gepflügt, in diesem Jahre mit Scheibenegge behandelt.

103% II T. Jüngere Heide, 30—60 cm hoch (Frühjahr).

99% II L. 37jähriger Kiefernbestand, Nadeln und Reisig.

97% II O. Heide, in diesem Jahre gehauen (Frühjahr).

96% II F. Fichtenstangenholz, neben der Standardstelle, 10 cm tief umgegraben.

96% II K. 43jähriger Kiefernbestand. Nadeln, Reisig und Moos.

92% II J. 22jährige geschlossene Kieferndickung (Pflanzung), sterbende Heide und Moos.

90% II E. Lockere Kieferndickung, Moose und Gräser.
90% II P. Heide, im vorigen Jahre gehauen (Frühjahr).
85% II G. Kurze Heide (25 cm), vor 4 Jahren gehauen.
84% II N. 40jähriger lückiger Fichtenbestand. Lücke, viel Moos.
78% II M. Derselbe Bestand, in einer Gruppe, 8 cm Nadeln.
68% II D. Lücke in 20jähriger Kieferndickung, viel Polytrichum.
58% II H. Alte hohe Heide (Sommer).

Die Bestimmungen zeigen, in wie weitem Umfange durch Einflüsse der Witterung und der Jahreszeit bedingt die einzelnen Werte der CO_2-Produktion im Boden an der gleichen Stelle schwanken können; besonders auch, wie sehr gerade im Freien der Einfluß des Sonnenscheins sich bemerkbar macht.

Für den Bestand, in dem die Standardstellen liegen, beträgt das Mittel der täglichen CO_2-Produktion etwa 10 g pro Quadratmeter, d. i. 100 kg pro Hektar. Hiervon dürfen, wie das S. 30 ausgeführt ist, etwa 90% als die tatsächlich erzeugte CO_2-Menge angesehen werden, also 90 kg. Legt man 6 Monate, April bis September einschließlich, für die Vegetationszeit der Rechnung zugrunde, so würden das 180 · 90 kg = 16200 kg im Jahre sein. In diesen sind $\frac{12}{44}$ · 16200 = 4430, also rund 4400 kg Kohlenstoff enthalten, die zur Bildung von Holz vom Bestande aufgebraucht werden könnten. Es kann sich jedoch nicht die ganze Menge im Derbholz wiederfinden: schätzungsweise etwa 40% der Assimilate werden in den Blättern, Nadeln und jungen Zweigen, etwa 10% im unterirdischen Pflanzenkörper angelegt. Der Betrag, der durch die Atmung der Bäume sofort wieder verbrauchten Assimilate darf vielleicht auf gleichfalls 10% geschätzt werden, so daß für das eigentliche Derbholz 40% übrigbleiben, das sind bei unserer Rechnung 1760 kg. Holz enthält 40% Wasser; von den restlichen 60% ist die Hälfte, also 30%, Kohlenstoff. Es würden also $\frac{100}{30}$ · 1760 = 5860 kg Holz, das sind etwa 12 fm, entstehen können.

Der Bestand, der ziemlich einem Normalbestand der Schwappachschen Ertragstafeln (I. Klasse) entsprechen dürfte, wird einen laufend jährlichen Derbholzzuwachs von 9 fm haben. Es wird also die vom Boden entströmende Kohlensäure zu 75% im Bestand festgehalten und zur Holzbildung verbraucht. In sehr vielen anderen Beständen, die einen geringeren Zuwachs haben, wird zweifellos ein größerer

Teil CO_2 vom Wind verweht werden oder ungenutzt durch das lückige Kronendach streichen. Der Forstmann muß seine Maßnahmen so einrichten, daß auch hier der Höchstzuwachs, der durch die Menge der Kohlensäure begrenzt ist, erzielt wird, und daß nicht, wie es jetzt der Fall ist, ein großer Teil des wertvollen Baustoffs wegen unzweckmäßiger Bestandserziehung verloren geht.

11. Die Neubruchhausener Bestimmungen.

Die Oberförsterei Neubruchhausen, Forstmeister Dr. Erdmann, liegt im Regierungsbezirk Hannover, etwa 40 km südlich von Bremen. Das Gelände ist vorwiegend eben; die durchschnittliche Höhe beträgt 50 m über dem Meere.

Der Boden (9), reiner Flottlehm, besteht hier vorwiegend aus einem fast tonfreien, sehr kalkarmen, überaus feinen Quarzmehl. Durch diese mehlartige Beschaffenheit des Quarzes unterscheidet sich der Flottlehmboden in prägnanter Weise von allen sonstigen Quarzböden, auch den feinsten Sanden, bei denen immer doch die Körnung noch wahrnehmbar ist, und nähert sich physikalisch viel mehr dem Tonboden. Durchweg ist dem Quarzmehl ein ziemlich hoher Gehalt an sonstigen Mineralien, mit Ausnahme jedoch von Kalk, in fein geriebener, staubartiger Form beigemischt, so daß der Boden in seiner Gesamtheit eher reich als arm — im Sinne eines Waldbodens — genannt werden muß.

Waldbaulich ist der Flottlehmboden, soweit er gesund erhalten ist, als ein recht günstiger anzusehen. Abstufungen in der Güte werden im wesentlichen nur durch die Nähe des Grundwassers bzw. oberirdischer Wasserläufe bedingt. In der Mehrheit der Fälle sinkt die Bonität gesunden Flottlehmbodens nicht leicht unter die eines Bodens der II. Ertragsklasse. Ein waldbaulicher Nachteil des Bodens ist aber seine große Empfindlichkeit gegen Aushagerung einerseits, Rohhumusüberlagerung andererseits. Der Flottlehmboden erkrankt sehr leicht, d. h. er verliert seine Krümelstruktur, verdichtet und verschließt sich, überzieht sich allmählich mit einer schädlichen Kleinvegetation und stellt in diesem Zustande allerdings der Forstkultur erhebliche Schwierigkeiten entgegen. Auch eigentliche Ortsteinbildung ist dem Flottlehm keineswegs fremd, und der Flottlehmortstein gibt an felsenartiger Verhärtung dem Ortstein der Sandheide nichts nach. In der starken Neigung zur Rohhumus=

bildung, die durch die Eigenart des nordwestdeutschen Klimas noch gefördert wird, liegt ein zweiter waldbaulicher Nachteil des Flott=lehmbodens. Rohhumusschichten von 20—40 cm Mächtigkeit sind in der Oberförsterei Neubruchhausen keine Seltenheit; es kommen aber auch solche von mehr als 60 cm bis zu 1,60 m vor.

Klimatisch wird das Gebiet charakterisiert durch hohe Luftfeuchtig=keit, große Niederschlagsmenge (700—800 mm), starke Bewölkung, infolgedessen geringe Intensität des Lichteinfalls und der Boden=erwärmung, relativ geringe Differenzen zwischen den Temperaturen

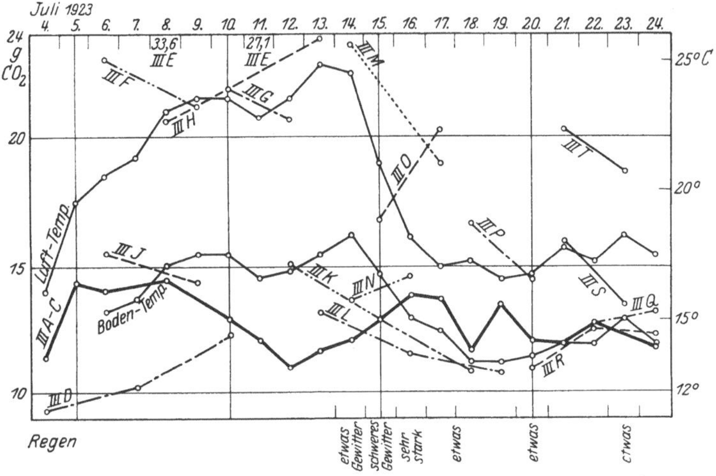

Abb. 5. Neubruchhausen.

der einzelnen Jahreszeiten, Auftreten längerer Perioden warmen, feuchten Wetters im Winter, geringe sommerliche Wärmemenge, stärkere Konzentration derselben auf den Nachsommer, langdauernde Spätfröste, Seltenheit des Schneefalls.

Die Ergebnisse meiner Bestimmungen sind auf der Tab. 8 und kurvenmäßig auf Abb. 5 zusammengestellt.

III A—C. Die Versuche der Reihen III A, III B und III C sind die Standardversuche für die Neubruchhausener Bestimmungen. Die Entnahmestellen liegen in der Nordecke des Jagens 74. Von dem 75—80jährigen Kiefernbestand, der ehemals durch Heideauf=forstung begründet ist, stehen etwa 18 m hohe Überhälter mit wenig guter Krone, zu 0,3 geschlossen. Der letzte Hieb ist 1921/22 geführt,

Tabelle 8. Neubruchhausen.

g CO_2 je 1 qm in 24 Std. — Reihen III

Juli 1923	Luft- Boden- Temperatur	Be- wölkung	A	B	C	D	E	F	G	H	J	K	L	M	N	O	P	Q	R	S	T	Regen
4.	16°		11,5			9,3																
5.	19½°			14,4																		
6.	20½° 15¼°	klar			14,1			23,0			15,5											
7.	21¼° 15¾°					10,2																
8.	23° 17°			14,5			33,6			20,6												
9.	23½° 17½°							21,2			14,4											
10.	23½° 17½°		13,0			12,3			21,8													
11.	22¾° 16½°	ständig		12,1			27,1															
12.	23½° 16¾°				11,0				20,7			15,1										
13.	24¾° 17½°		11,7							23,8			13,2									
14.	24½° 18¼°	3/4 3/4 3/4		12,1										23,6	13,7							etwas Gewitter
15.	21° 16¾°	0 ½ 1/1			12,9							13,0				16,9						etwas Gewitter
16.	18¼° 15°	R. R. 1/1	13,9										11.6		14,6							sehr stark
17.	17° 14½°	¼ ½ 1/1		13,8										19,0		20,3						
18.	17¾° 13¼°	0 1/1 0			11,8							10,9					16,7					etwas
19.	16½° 13¼°	½ 1/1 ½	13,6										16,8									
20.	16¾° 13½°	1/1 1/1 1/1		12,1													14,3		11,0			etwas
21.	17¾° 14°	3/4 ½ 0			12,0															16,0	20,3	
22.	17¼° 14°	1/1 ½ ½	12,8															12,8	12,6			
23.	18¼° 15°	¼ 1/1 ½																		13,6	18,7	etwas
24.	17½° 14°	3/4 3/4 3/4			11,9													13,3	12,4			
			100			88	227	163	178	174	110	102	98	198	109	140	120	105	98	133	168	%

einige Stämme sollen noch gehauen werden, damit nur die besten als Überhälter bleiben. Zur Begründung des Bestandes, der in diesen hineinwachsen soll, wurde im Jahre 1912/13 der Trockentorf in der Weise beseitigt, daß er mit der Twicke und der Schaufel in 3,5 m breiten Streifen bis auf den Mineralboden entfernt und in 1,5 m breiten Dämmen zusammengeworfen wurde. Dann wurde auf dem Streifen Buchenvollsaat ausgeführt; in 8,5 m Entfernung voneinander wurden Lärchensaatplätze angelegt, die später zum Teil als Ballen verpflanzt wurden, und in 4,5 m-Quadratverband Tannen durch Ballenpflanzung eingebracht. Dazu stellte sich natürlicher Birkenanflug ein.

Unmittelbar neben den Probestellen, die nur $1/2$ m voneinander entfernt und in der Mitte zwischen den Trockentorfbalken liegen, stehen eine 1,2 m hohe Lärche und 10jährige Buchen, 1—2 m hoch, im Durchschnitt 1,20 m, auch einzelne Birken.

Die Bodendecke ist gebildet durch eine etwa 2 cm hohe Schicht aus Kiefernnadeln und Buchen- und Birkenblättern, in der sich Hypnum und Trientalis europaea findet. Lärchennadeln sind nicht mehr zu erkennen; es leben reichlich Ameisen in diesem Bodenüberzug. Der Boden selbst besteht bis zu 15 cm Tiefe aus humosem dunkelbraunen Flottlehm, der darunter in hellgrauen Flottlehm übergeht.

Die Werte sind zum Vergleich = 100 gesetzt. Die Kurve der CO_2-Mengen folgt zunächst den Temperaturkurven, darauf sinkt sie, obgleich die Wärme fast die gleiche bleibt und dann recht erheblich steigt. Nach dem Regen fällt die Temperatur, die CO_2-Abgabe steigt aber beträchtlich und folgt dann, da mehrmals geringe Regenfälle eintreten, ziemlich der Temperaturkurve. Offenbar haben infolge der Austrocknung während der heißen Tage die Kleinlebewesen Mangel an Wasser gelitten, und daher haben sie nur weniger Kohlensäure geliefert.

III D und E. Die Entnahmestellen III D und III E liegen im gleichen Bestand wie III A—C. Es stehen auch hier 75—80jährige Überhälter, 0,2—0,3 geschlossen, 15—18 m hoch. Die Bodenbearbeitung wurde erst im Wirtschaftsjahr 1922/23 vorgenommen. Es wurde mit Twicke und Schaufel der Bodenüberzug auf 2 m breiten Streifen vollständig beseitigt und auf 1 m breiten Dämmen zusammengeworfen. Auf die Streifen wurde im Herbst abwechselnd Tanne, und statt Buche Laubholzmischung, nämlich Ahorn, Hain-

buche und Esche, gesät, außerdem im 3 m-Quadratverband Rot-
eiche und Traubeneiche eingestuft.

Die Probestelle III D liegt mitten auf einem Laubholzstreifen,
auf dem Ahorn und die Eichen gut gelaufen sind. Auf dem nackten
Mineralboden liegen nur einzelne Kiefernadeln. Der Boden ist ein
dunkelgrauer, allmählich hellgrau werdender Flottlehm.

III E liegt auf einem Trockentorfdamme, welcher oben 1 m breit
und 30—35 cm hoch und in der kurzen Zeit fest zusammengesunken
ist. Zwischen dem eigentlichen Torf liegt etwas dünnes Reisig und
auch Mineralboden. In ihm leben Ameisen; eine Begrünung fehlt
noch gänzlich.

Wie zu erwarten war, ist die CO_2-Entwicklung zwischen den
Dämmen (III D) auf dem nackten Mineralboden ziemlich niedrig,
am meisten von allen Neubruchhausener Versuchen unter den
Standardwerten. Die Kurve läuft entsprechend der Temperaturkurve, d. h. die CO_2-Entwicklung steigt mit der Temperatur, während
sie bei den meisten anderen Versuchen mit einer Rohhumus- oder
Trockentorfauflagerung bei der starken trocknenden Hitze langsam
zurückging. Die Zersetzungsbakterien litten also nicht an Wasser-
Mangel, da der dichte Flottlehmboden das Wasser gut hält.

Auf dem Damm ist die CO_2-Menge die höchste, die je festgestellt
wurde, 33,6 und 27,1 g CO_2 pro Quadratmeter, bei hoher Luft-
und Bodentemperatur. Obgleich die Temperatur ziemlich die gleiche
bleibt, sinkt doch die CO_2-Produktion in 3 Tagen um 6,5 g, d. i.
fast ein Viertel von 27,1 g, da infolge der Dürre im Trockentorf,
welcher Wasser in großer Menge aufzusaugen vermag, es aber
ebenso schnell wieder abgibt, die Zersetzungsbakterien an Wasser-
Mangel hatten.

Die gesamte Menge der CO_2 auf der nach Erdmannscher Methode
behandelten Fläche ergibt sich aus folgender Rechnung: Auf zwei
Dritteln der Fläche findet sich am 7. 7. 10,2 g CO_2, auf einem Drittel
der Fläche am 8. 7. 33,6 g; das gibt im Durchschnitt $2 \cdot 10{,}2 = 20{,}4$
$+ 33{,}6 = 54{,}0 : 3 = 18$ g CO_2. Die Standardkurve zeigt am 8. 7.
14,5 g. Die gleiche Rechnung ergibt für den 10. und 11. 7. 17,2
im Vergleich zu 13,0 bzw. 12,1 der Standardkurve. Der Durchschnitt der behandelten Fläche liegt also um 24 bzw. 35 bzw. 42 %
über der Standardkurve. Im einzelnen liegt III D am 4. 7. 20 %
und am 10. 7. 5 % unter, III E am 8. 7. 131 % und am 11. 7.
123 % über den Vergleichswerten.

III F liegt etwa 20 m von **III D** und **E** entfernt. Es stehen auch hier die 75—80jährigen Überhälter. Bei Begründung der Kiefern wurden Rabatten angelegt, und der Bodenaushub wurde auf die schon vorhandene Trockentorfschicht geworfen. 1913 wurden ohne Bodenbearbeitung Buchen gesät.

Der Boden ist mit einer ziemlich dichten Decke von Heidelbeere überzogen, zwischen der einzelne 30—80, im Durchschnitt 50 cm hohe Buchen, einzelne Birken und kümmernde Tannen stehen. Andere Stellen sind ganz mit Calluna und Erica tetralix bedeckt. An der Entnahmestelle ist die Heidelbeere 35 cm hoch. Der Bodeneinschlag zeigt eine 5 cm starke Rohhumusschicht aus Kiefernnadeln, die schwach verfilzt und von Hypnum durchwachsen ist, darunter 5 cm grauen Flottlehm, in dem das Beerenkraut wurzelt, 3—5 cm dunkelbraunen strukturlosen Trockentorf, 20 cm schwarzgrauen humosen Flottlehm, der dann allmählich in hellgrauen Flottlehm übergeht.

Die CO_2-Kurve liegt sehr hoch, am 6. 7. 63 % über der Standardkurve. Die große Kohlensäuremenge kommt jedoch den Forstpflanzen nur zum kleinen Teil zugute; das meiste wird von der Heidelbeere und der Heide geschluckt. Der Versuch, eine Kultur ohne Bodenbearbeitung auf altem Trockentorf zu begründen, zeigt, daß er keiner Wiederholung wert ist.

III G liegt im Jagen 76. Das Oberholz besteht aus 75—80jährigen, 18—20 m hohen, 0,2 geschlossenen Kiefern, hervorgegangen aus Rabattenkultur. Der Bodenaushub wurde damals auf den schon vorhandenen Trockentorf geworfen und schnitt ihn nun ganz von der Luft ab, preßte ihn jedoch ziemlich zusammen. Im Jahre 1908 wurde auf der ganzen Fläche Bodenbearbeitung nach dem dänischen Verfahren vorgenommen; ohne vorheriges Entfernen des Trockentorfes wurde der Boden durchgearbeitet mit dem Pflug und der Rollegge, unmittelbar neben den Stämmen mit der Forke, und mit 50 Zentnern Kalk pro Hektar gedüngt. Im Jahre 1910 wurde breitwürfig Buche ausgesät; in den folgenden Jahren wurden durch Ballenpflanzung Tanne in 4,5 m- und Lärche im 8,5 m-Quadratverband eingebracht. Dazu hat sich Birkenanflug eingestellt. Die Buchen, welche sehr dicht stehen, sind jetzt durchschnittlich 4 m — für das geringe Alter eine sehr beträchtliche Höhe —, die Lärchen 2,5—5 m, im Durchschnitt 4 m hoch; die Tannen sind stark überwachsen.

Das Bodenprofil zeigt folgendes Bild: 2 cm Buchenblätter und Kiefernnadeln, 6 cm schwarzer, mit Mineralboden gemengter Trockentorf, in dem einzelne Kalkstücke liegen, 4 cm brauner Kiefertrockentorf, 5 cm dunkelgrauer Flottlehm, 8 cm tiefschwarzer Trockentorf, der schon vor Anlage der Rabatten vorhanden war, und darunter grauer Flottlehm. Der schon vor 80 Jahren vorhandene Trockentorf zeigt nach dem Luftabschluß eine sehr üble Form. Bei der Bearbeitung nach dem sog. dänischen Verfahren ist der Eingriff nicht tief genug erfolgt, d. h. die zweite Trockentorfschicht ist nicht oder nur an besonders günstigen Stellen ganz durchbrochen und mit dem Boden gemengt. Es zeigt sich jetzt, daß zur Gesundmachung des Bodens diese sehr teure, aber nicht durchgreifende Bearbeitung ungenügenden Erfolg gehabt hat. Unter dem Einfluß des Kalkes hat sich zwar die obere bearbeitete Schicht zum großen Teil zersetzt; denn es ist anzunehmen, daß der Pflug und die Rollegge erheblich tiefer als 6 cm eingegriffen haben. Dafür spricht auch die ziemlich hohe CO_2-Menge, 68 bzw. 88 % über der Standardkurve. Trotz der hohen Kohlensäuremenge und des durch sie bedingten hervorragenden Wuchses der Kultur ist das Verfahren zu verwerfen, da alle Vorbedingungen für eine neue starke Trockentorfbildung gegeben sind.

III H im Jagen 75. Der Bestand besteht aus 70—80jährigen Kiefern mit schlechtgeformtem Stamm und schlechter Krone, durchschnittlich 12 m hoch und 0,7 geschlossen, hervorgegangen aus Heideaufforstung. Darunter stehen einzelne kümmernde Tannen und Eichen. Die Eichen stammen vom Häher, die Tannen wurden 1903 nach von Bentheims Angabe als 5jährige verschulte weitständig verpflanzt.

An der Versuchsstelle stand 6—10 cm hoch das Moos Leucobrium glaucum, welches auf einer 5—7 cm dicken Schicht hellbraunen Kieferntorfes haftete. Darunter lag bläulichweißer bis gelblichweißer Flottlehm. Die Versuchsstelle liegt dicht am Nordrand einer etwa 30 m im Durchmesser großen Bestandeslücke, eines Hochmoores mit niedrigem Gestrüpp.

Die CO_2-Menge ist überraschend groß. Am 8. 7. ist sie 42 % und am 13. 7. 103 % höher als die Standardwerte. Das Moos hält das Wasser außerordentlich lange; infolgedessen litten die Bakterien an dieser Stelle auch nach der langen Dürre nicht an Wasser Mangel. Deshalb konnte die Kohlensäurekurve mit der Temperaturkurve

steigen. Von den Pflanzen konnte diese große Menge nicht aus=
genützt werden, da sie der Wind von der Lücke sehr bald entführt.
Außerdem, was vielleicht noch wichtiger ist, mußten sie im Trocken=
torf wurzeln.

III J im Jagen 76 liegt in einem 25jährigen Traubeneichen=
bestand, der auf einer Windfallücke des Kiefernbestandes (vgl. III G)
ohne Entfernen des Trockentorfes durch Streifensaat begründet
wurde. Die Eichen, zwischen denen sich durch Anflug einzelne
Birken angefunden haben, sind 4—7 m, im Durchschnitt 5 m hoch).

Die Bodendecke besteht aus einer dünnen Auflage von Eichen=
blättern und Polytrichum, darunter liegt eine 6 cm starke Schicht
dunkelbraunen bis schwarzen Trockentorfes. Der Boden selbst ist ein
dunkelbraun bis grauer humoser Flottlehm, der bei 15 cm Tiefe
allmählich heller wird. Die CO_2=Menge liegt etwa 10 % höher als
die Standardkurve.

III K, L und M liegen im Jagen 68, Abt. b. Unter 70—75jäh=
rigen, 22 m hohen Kiefern, die aus Heideaufforstung hervorgegangen
und vor etwa 10 Jahren in die für den zweialtrigen Betrieb er=
forderliche Stellung gebracht sind, wurde im Jahre 1909/10 der
Trockentorf auf 8 m breiten Streifen entfernt und in 2 m breiten
Dämmen zusammengeworfen. 1910/11 wurde auf den Streifen
Buchenvollsaat ausgeführt, und in den folgenden 3 Jahren wurden
Tannen und Lärchen durch Ballen eingesprengt. Der Buchen=
jungwuchs hat sich durch den ganzen Bestand hindurch wellenförmig
entwickelt: neben den Trockentorfdämmen ist die Wuchsleistung eine
bebeutend größere als in ber Mitte ber Streifen. Es liegt nahe,
diese Unterschiede mit der größeren oder geringeren CO_2=Menge zu
erklären, die den Pflanzen zur Verfügung gestanden hat und steht.
Es wurden also nebeneinander drei Versuchsstellen eingerichtet:

III K, in der Mitte eines Streifens; die Buchen, welche etwas
lückig stehen, sind hier 0,8—1,3 m hoch, im Durchschnitt 1 m. III L,
etwa 1 m vom Damm entfernt und von diesem durch ein $^1/_2$ m
tiefes Loch, das von dem Übererden der Buchensaat herrührt, ge=
trennt, so daß kein Trockentorf vom Damm zur Versuchsstelle durch
den Regen gespült werden konnte und die Buchen ihre Wurzeln
nicht unter den Damm zu schieben vermochten. Die Buchen stehen
sehr dicht und sind hier 2,2—3,5 m hoch, im Durchschnitt 3 m.
III M, am inneren Rande des Dammes, 1,5 m von III L ent=
fernt.

Bei III K ist ein 3—5 cm starker Überzug aus sich gut zersetzen=
den Kiefernnadeln und Blättern zu finden, zwischen dem etwas süßes
Gras und Hypnum wächst. Der Boden besteht bis zu 20 cm aus
dunkelgrauem bis schwarzem humosen Flottlehm, der allmählich in
hellgrauen Flottlehm übergeht.

Bei III L findet sich eine 5 cm starke Auflagerung von sich gut
zersetzenden Buchenblättern; eine Begrünung fehlt ganz. Der
Boden ist wie bei III K beschaffen.

Der Damm, auf dem III M liegt, ist 2 m breit, an der höchsten
Stelle 60 cm, an der Versuchsstelle 40 cm hoch. Er besteht aus
hellbraunem Kieferntrockentorf, zwischen den nur wenig Mineral=
boden gemengt ist. Der Damm ist sehr in sich zusammengesunken.
Er ist bedeckt von einem dichten Überzug aus Calluna und Erika
(30—50 cm hoch), Heidelbeere (30 cm) und einem zusammen=
hängenden Polster von Hypnum und Polytrichum (6—8 cm), da=
zwischen stehen verschiedene Gräser.

An den Stellen III K und III L folgt die CO_2=Menge nahezu
der Erdtemperaturkurve; sie ist bei III K um ein Geringes höher
als bei III L, da hier die dichte Buchenbelaubung eine Erwärmung
des Bodens durch die Sonnenstrahlen erschwert. Im Mittel der
6 Versuche ist für III K und III L die CO_2=Menge genau die gleiche
wie bei den Standardversuchen. Bei III M ist natürlich bedeutend
mehr CO_2 zu finden, am 14. 7. fast das Doppelte der Vergleichs=
menge.

Das bessere Wachstum neben dem Damm, also bei III K, ist nur
als Wirkung der größeren CO_2=Menge, die auf dem Damm entsteht,
zu erklären. Eine Düngung, etwa durch die im Humus enthaltenen
Mineralstoffe oder durch Stickstoff, kann nicht in Frage kommen,
da das oben beschriebene Loch die Wurzeln nicht unter den Damm
gelangen läßt.

III N liegt im Jagen 47, Abt. a. Der Bestand ist gebildet durch
110—130jährige Kiefern, 30—32 m hoch, 0,07 geschlossen, erste
Generation nach Laubholz, mit gleichaltrigen, aber völlig unter=
ständigen Buchen und einzelnen Eichen gemischt. Die Wuchsleistung
des Bestandes ist hervorragend, der Bodenzustand aber fast hoff=
nungslos. 60 cm hohe, sehr üppige Heidelbeere bedeckt den Boden.
Der Einschlag zeigt folgendes Bild: 3 cm unzersetzte Kiefernnadeln,
Buchen= und Eichenblätter und dünnes Reisig; 15 cm brauner,
strukturloser Kieferntorf; 15 cm tiefschwarzer, strukturloser Buchen=

torf; 8 cm schwarzgrauer, humoser Flottlehm; 40 cm (allmählicher Übergang) hellgrauer Flottlehm; 8 cm schwarzbrauner, zerreiblicher Ortstein, dazwischen grober Kies und Geröll; mehr als 20 cm rostroter, steinharter Ortstein. Dieser ist so fest, daß zur Schonung des Spatens das Durchbrechen der Schicht aufgegeben wurde. Im übrigen ist dieser Bodeneinschlag der einzige, der bis zur Tiefe der Ortsteinschicht ausgeführt wurde. Bei der Verjüngung des Vorbestandes (Buche) war bereits eine mächtige Rohhumusschicht vorhanden. Auf diese alte Lage und durch sie vom Boden abgeschlossen und in der Zersetzung noch mehr unterbunden, türmte sich der Abfall des neuen Kiefern-Buchenbestandes auf, so daß sich nun eine Rohhumusschicht, die an anderen Stellen bis zu 50 cm stark ist, gebildet hat. Hand in Hand damit ging die Bildung des Ortsteins, der hier, wie meist im Flottlehm, ziemlich tief liegt. Herr Forstmeister Erdmann pflegt bei Exkursionen an dieser Stelle zu sagen: „Hier ist die Forstwirtschaft an ihrem Ende."

Die Zersetzung ist im Vergleich zu anderen Trockentorflagern eine recht schlechte: die Werte liegen nur 13 bzw. 5% über den Standardwerten. Ob in früherer Zeit eine bessere Zersetzung stattgefunden hat, kann natürlich nicht gesagt werden. Ich möchte es jedoch angesichts des sehr guten Bestandes annehmen.

III O im Jagen 47, Abt. c, ein vollgeschlossener Bestand aus 80jährigen Kiefern, 25—28 m hoch, im Durchschnitt 26 m, und gleichaltrigen zwischen- oder etwas unterständigen Buchen, hervorgegangen aus Pflanzung. Im Jahre 1904 wurde an diesem Bestand als auffällig bezeichnet, daß die Mischung Kiefer-Buche keinen Trockentorf gebildet hätte. Schon 1913, also nach 9 Jahren, fand sich eine erhebliche Trockentorfschicht. Jetzt zeigt der Bodeneinschlag 3 cm lose Kiefernnadeln und Buchenblätter, 8—10 cm braunen Rohhumus, dessen obere Hälfte noch etwas verfilzt ist, während die untere schon pulverig ist, 2 3 cm dunkelgrauen, humosen Flottlehm, darunter graugelben Flottlehm. Daß erst seit verhältnismäßig kurzer Zeit ungesättigter Humus vorhanden ist, jetzt aber in ziemlich übler Form, zeigt die schwache Schicht des humosen Flottlehms, einer Art Bleichsand, dessen Farbe durch hineingewaschene Humuskolloide bedingt ist.

Die CO_2-Menge liegt 32 bzw. 48% über den Standardwerten. An dieser Stelle macht sich der Einfluß des starken Regens nach der langen Dürre besonders auffallend bemerkbar.

III P im Jagen 48, Abt. b. Schlecht geformte 95—100 jährige, 28—30 m hohe Buchen, 0,9 geschlossen; der Vorbestand war auch Laubholz. Der Boden ist bedeckt mit 3 cm losen Buchenblättern und 10—12 cm dunkelbraunem bis schwarzem Buchenrohhumus, in Schichten verfilzt. Der Boden besteht aus 20 cm schwarzgrauem, humosen Flottlehm und darunter mit allmählichem Übergang aus grauem Flottlehm. Die CO_2-Menge beträgt 121 bzw. 120% der Standardwerte.

III Q im Jagen 47b. Auf Abtriebsfläche eines ehemaligen Buchenbestandes (s. III N) begründeter, jetzt 85 jähriger, lückiger Bestand aus 15 m hohen, sehr schlecht geformten Eichen, dem einige Buchen beigemischt waren, welche aber vor 6—7 Jahren geräumt sind. Er ist unterbaut mit Buchen aus Naturverjüngung, die jetzt etwa 30 cm hoch sind und vereinzelt stehen, sowie mit als Ballen gepflanzten Tannen und Lärchen. Die Bodendecke ist sehr fest und macht einen ausgehagerten Eindruck. Sie besteht aus einer höchstens 1 cm starken Schicht von losen Eichenblättern, zwischen denen etwas Polytrichum wächst, und 3—5 cm schwarzer pulveriger Modererde, aber kein Trockentorf. Darunter liegt ein dunkelgraubrauner humoser Flottlehm (8 cm), der in gelbbraunen Flottlehm übergeht. Die Eichen-Buchenmischung hat es nicht zu Trockentorfansammlung kommen lassen; die Aushagerung wird erst nach dem Buchenaushieb eingetreten sein. Die CO_2-Menge ist gleich bzw. um 11% größer als die der Standardstelle.

III R und S im Jagen 61. Unter 75—80 jährigen Kiefern mit breiter Krone, die 18—20 m hoch und 0,4 geschlossen sind und die zweite Nadelholzgeneration bilden, wurde im Jahre 1905/06 der Trockentorf auf einer größeren zusammenhängenden Fläche vollständig beseitigt und abgefahren. Dann wurde Buchenvollsaat gemacht und Tanne und Lärche eingesprengt. Die Buchen zeigen teils einen hervorragenden Wuchs, teils kümmern sie, ohne daß ein augenfälliger Grund dafür vorhanden ist.

III R liegt in dem geringeren Teil. Die Buchen stehen an sich genügend dicht, sie sind aber nur 20—40 cm hoch, im Durchschnitt 30 cm. Zwischen ihnen hat sich etwa Calluna angefunden. Der Bodeneinschlag zeigt eine 3—5 cm starke Schicht von Hypnum und Reisigstreu, 1—3 cm sich gut zersetzende Kiefernnadeln, 3 cm grauen humosen Flottlehm, darunter ockergelben Flottlehm.

Bei III S stehen die Buchen sehr dicht und sind 2,5—3,5 m hoch, im Durchschnitt 3 m hoch. Dazwischen wachsen einzelne 2,5 m hohe

Himbeersträucher. Die Tannen sind 2 m hoch. Der Boden ist be=
deckt durch 2 cm lose Buchenblätter und 3 cm dunkelbraunen, schwach
verfilzten Rohhumus. Der Boden besteht aus 5 cm grauem humosen
Flottlehm, darunter aus gelbem Flottlehm.

Bei III R liegt die CO_2=Produktion im Durchschnitt etwas (2%)
unter der Standardkurve. Bei III S ist sie dagegen höher, am
21. 7. um 33%. Dieser Unterschied dürfte eine Erklärung für den
besseren und geringeren Wuchs der Buchen geben, wenn man an=
nimmt, daß er schon vor der Ablagerung einer größeren Humus=
menge bei III S vorhanden war. Bei einer genügenden Lockerung
des Buchenunterstandes dürfte es möglich sein, besonders da ein
Mischbestand vorliegt, die gebildete Rohhumusschicht zum Zersetzen
zu bringen. Das würde eine Mehrung der CO_2=Abgabe für längere
Zeit bedeuten, die der Bestand mit einer verstärkten Wuchsleistung
beantworten dürfte.

III T im Jagen 48, Abt. c. Ein 65jähriger Bestand aus Kiefern,
Fichten und Buchen nach Laubholz. Die Entnahmestelle III T liegt
an einer Stelle, auf der nur reine Fichten stehen, welche 23 m hoch
und 0,8 geschlossen sind. Eine 8 cm starke Schicht von braunem
Trockentorf mit etwas Polytrichum bedeckt den Boden, welcher bis
5—7 cm aus schwarzbraunem, humosen Flottlehm, darunter all=
mählich übergehend aus gelblichgrauem Flottlehm besteht. Die CO_2=
Menge ist auffallend hoch; am 20. 7. liegt sie 68% höher als der
Vergleichswert.

Zusammenfassung. Vergleicht man die Neubruchhausener Ver=
suchsreihen mit den Standardversuchen und untereinander, so zeigt
sich folgende Stufenleiter: (durchschnittlich!)

227% III E. Junger Trockentorfdamm.
198% III M. Älterer Trockentorfdamm.
178% III G. Starker bearbeiteter und gekalkter Trockentorf unter
dichtstehenden Buchen.
174% III H. Starker Kieferntrockentorf.
168% III T. Starker Fichtentrockentorf.
163% III F. Verheidete und mit Torf überlagerte Rabatten=
kultur.
140% III O. Torf unter Kiefern=Buchenmischbestand.
133% III S. In einer vorwüchsigen 17jährigen Buchendickung,
vor deren Begründung der Torf auf ganzer Fläche
entfernt war.

120% III P. In Buchenaltholz.

110% III J. In einem 26jährigen Traubeneichenbestand.

109% III N. Kieferntorf auf Buchentorf.

105% III Q. Alter Eichenbestand ohne Trockentorf.

100% III A—C. Standardstelle; 10jähriger Buchenunterbau
nach Entfernung des Trockentorfes.

100% III K und L. In 13jährigem Buchenunterbau nach Trocken-
torfentfernung.

98% III R. Zurückbleibender 17jähriger Buchenjungwuchs nach
Entfernung des Trockentorfes auf voller Fläche.

88% III D. Streifen zwischen Trockentorfdämmen, auf dem der
Torf erst im letzten Winter bis auf den Mineralboden entfernt ist.

Die Bestimmungen in Neubruchhausen zeigen deutlich, welch
großes Kapital an Kohlenstoff, der für neue Holzerzeugung nutzbar
zu machen ist, in dem Trockentorf aufgespeichert liegt. Man würde
also sich gleichsam am Walde versündigen, wenn man den Torf
gänzlich beseitigen wollte, etwa durch Hinausfahren aus dem Wald
oder durch Verbrennen. Nur wo er zu einer allzugroßen Mächtigkeit angewachsen ist, wird man vielleicht im Abbrennen die einzige
Möglichkeit haben, den Boden für eine weitere Holzerzeugung zu
erhalten. Erdmann hat auch den fördernden Einfluß des auf
Dämme zusammengeworfenen Torfes für die nähere Nachbarschaft
gesehen und läßt neuerdings möglichst alles im Wald. Er hat zwar
die Erklärung in einer reichlicheren Mineralstoff- oder Stickstoffernährung gesucht; ich glaube durch meine Versuche der Reihen
III K—M gezeigt zu haben, daß nur eine bessere Kohlenstoffernährung die Ursache sein kann.

Das Ideale wäre natürlich, daß der Trockentorf durch irgendeine
Bearbeitung oder durch Impfung mit Bakterien bei gleichzeitiger
Zugabe von Kalk oder auf andere Weise an der Stelle, wo er liegt,
zur Zersetzung gebracht würde. Bisher scheint noch kein Verfahren
zu bestehen, das auch für norddeutsche Verhältnisse diesen Wunsch
erfüllen könnte. Durch Erdmanns Aufwerfen auf Dämme, so daß
zwischen diesen der nackte Mineralboden liegt, kommt man wohl
zu der besten, heute bekannten Ausnutzung, welche gleichzeitig die
Begründung einer neuen Waldgeneration gestattet. Die Dämme
müssen so nahe beieinander liegen, wie das aus anderen Gründen
möglich ist; Erdmann hat da 2 m Zwischenraum zwischen 1 m

breiten Dämmen als das Günstigste gefunden. Selbstverständlich sind waldbauliche Maßnahmen, wie das richtige Maß des Bestandesschlusses herzustellen, auch von größter Bedeutung.

12. Die Bärenthorener Bestimmungen.

Das besonders durch die Veröffentlichungen des verstorbenen Oberforstmeisters Prof. Dr. Möller (31) bekannt gewordene Revier des Kammerherrn von Kalitsch in Bärenthoren, Kreis Zerbst, hat den Anlaß zu einer größeren Zahl von Zeitschriftenartikeln gegeben und hat sich zu einem forstlichen „Wallfahrtsort" entwickelt. Es ist daher in den weitesten Kreisen das Eigenartige des zweialtrigen Hochwaldbetriebs des Herrn von Kalitsch, der grundsätzlich alles anfallende Reisig liegen läßt, jeden Kahlschlag vermeidet, nur natürliche Verjüngung benutzt und jeden zu hauenden, nach eigener Methode ausgewählten Stamm persönlich auszeichnet, bekannt geworden, so daß es sich erübrigt, an dieser Stelle darauf einzugehen.

Das Klima (31 S. 4) ist ausgesprochen trocken und niederschlagsarm, insbesondere ist die Zeit der Frühsommerdürre dort sehr empfindlich. Die Sommergewitter ziehen in der Regel an Bärenthoren vorbei. Die durchschnittliche Regenhöhe dürfte 500 mm betragen.

Die Bärenthorener Böden hat Albert (3) einer eingehenden Untersuchung unterzogen. Aus seinen Untersuchungen geht hervor, daß die Bärenthorener Böden einen weit verbreiteten Typus norddeutscher Diluvialsande darstellen, der sowohl seiner stofflichen Zusammensetzung nach als auch insbesondere in seinen physikalischen Eigenschaften keineswegs etwa besonders günstig beschaffen ist. Es sind Hochflächensande von absoluter physikalischer Gleichmäßigkeit mit durchweg gröberem Korn, vielfach sogar kiesig bis steinig. Die Bestandteile von 0,2—2 mm Größe machen 80—85 % aus. Bei 28 Untersuchungen betrug der Humusgehalt der Oberkrume im Mittel 2,06, der des Untergrundes 0,29 %, der Stickstoffgehalt der Oberkrume 0,072, der des Untergrundes 0,018 %. Bei zwei Paar benachbarten Beständen, die nach Bärenthorener bzw. nach der alten Art behandelt waren (70jährige Kiefernbestände), ergaben die Bärenthorener einen Humusgehalt von 2,55 und 2,35 %, die der Zerbster Stadtforst einen solchen von 1,60 und 1,40 %; das Porenvolumen betrug 52,20 und 51,85 bzw. 46,20 und 44,56 %.

Der Gehalt des in Salzsäure löslichen Kalkes, 0,04% erscheint relativ gering; er reicht aber nach Alberts Berechnung für 300 Jahre. Durch Verwitterung können aber weitere rund 0,3% Kalk frei werden, so daß der Bedarf für viele Jahrtausende gedeckt ist.

Meine Kohlensäurebestimmungen, die im nachstehenden einzeln beschrieben und in Tab. 9 und kurvenmäßig in Abb. 6 zusammengestellt sind, hatten ein zunächst überraschendes Ergebnis. Alle diejenigen Stellen, an denen der Bodenüberzug als besonders gut angesehen wurde und an denen von Kalitschs Methode am besten zu wirken scheint, zeigten eine geringere CO_2-Produktion als diejenigen, an denen bis vor kurzer Zeit Streu gesammelt war oder sich eine sich scheinbar schlechter zersetzende Bodendecke befindet. Die ersteren Stellen, an denen für die Bakterien besonders günstige Bedingungen vorzuliegen scheinen, lassen eine stärkere Zersetzung und somit eine höhere CO_2-Menge erwarten. Daß dies nicht der Fall ist, kann ich mir nur so erklären: An den besseren Stellen ist die Zersetzung tatsächlich eine intensivere. Bei der in Bärenthoren überall auffallend raschen Verwesung der Streu geht die Zersetzung an diesen Stellen in der Hauptsache in den Frühjahrsmonaten vor sich. In diesen wird das Verhältnis der CO_2-Produktion wahrscheinlich umgekehrt sein, als ich es gefunden habe. Denn im Hochsommer, in den meine Untersuchungen fallen, ist die überwiegende Menge der zersetzbaren organischen Substanz hier bereits zu CO_2 oxydiert, im Gegensatz zu denjenigen Stellen, an denen im Frühjahr die CO_2-Entwicklung gering war, und deshalb später mehr zersetzbare Streu liegt. Ob diese meine Vermutung richtig ist, kann nur eine Untersuchung der gleichen Stellen im Frühjahr ergeben, für die sich, so möchte ich hoffen, irgendeine Möglichkeit finden lassen wird (s. auch S. 112).

IV A—C stellen die Standardstellen für die Bärenthorener Bestimmungen dar. Sie liegen in der Försterei Krakau der Zerbster Stadtforst, im Jagen 36, in dem bis vor wenigen Jahren Streunutzung vorgenommen wurde, während jetzt wie in Bärenthoren Reisig und Nadelstreu liegen bleiben. Der Bestand besteht aus 70jährigen Kiefern, die 17 m hoch und 0,6 geschlossen sind. Er ist auf altem Waldboden durch Saat begründet. Eine nur $^1/_2$—1 cm dicke Schicht von Kiefernnadeln bedeckt den Boden. Dieser besteht aus einer etwa 1 cm starken, ziemlich verhärteten Lage von hellgrauem Sand, darunter liegt gelber Sand.

Tabelle 9. Bärenthoren.

Aug. 1923	Luft- Temperatur	Boden- Temperatur	Bewölkung			g CO₂ je 1 qm in 24 Stb. Reihen IV															
						A	B	C	D	E	F	G	H	J	K	L	M	N	O	P	
4.	15^0	$13^1/_4{}^0$	$^1/_1$	$^1/_1$	$^1/_1$				9,5			12,4									
5.	15^0	$13^1/_4{}^0$	$^3/_4$	$^1/_1$	$^3/_4$								13,6								
6.	18^0	$14^1/_2{}^0$	0	0	0						11,3	11,7									
7.	$20^1/_4{}^0$	$15^1/_2{}^0$	0	$^1/_4$	$^3/_4$				8,3				14,1								
8.	20^0	$16^1/_4{}^0$	$^1/_1$	$^1/_2$	0			10,1		11,5		11,3									
9.	22^0	$17^1/_4{}^0$	0	0	0						12,0										
10.	$22^1/_2{}^0$	$17^1/_2{}^0$	0	0	$^1/_1$		9,9		9,2												
11.	18^0	$15^1/_2{}^0$	$^1/_2$	$^1/_2$	0						11,0			12,8							
12.	$16^1/_2{}^0$	$14^1/_2{}^0$	$^1/_2$	$^3/_4$	$^3/_4$	9,8									9,7	10,9					
13.	17^0	14^0	0	$^1/_1$	$^1/_1$		7,1							9,0			7,5				
14.	$19^1/_2{}^0$	16^0	$^3/_4$	0	0			10,1							11,1			15,7			
15.	$18^1/_2{}^0$	$15^1/_2{}^0$	0	0 R.	$^1/_1$	10,5										12,7			9,1		mittl. Gewitterregen
16.	15^0	$13^1/_2{}^0$	$^3/_4$	$^1/_4$ R.	$^1/_1$ R.		9,2										8,4			15,3	häufige Regenschauer
17.	$15^1/_4{}^0$	13^0	$^1/_1$	$^1/_1$	$^1/_1$			10,7										14,2	7,4		nachts starker Regen
18.	16^0	$13^3/_4{}^0$	$^1/_1$ R.	$^3/_4$ R.	$^1/_1$ R.	12,4											10,1			15,5	kleinere Regenschauer
19.			$^1/_1$ R.																		
						100 %			93	114	120	112	160	129	105	116	93	145	79	145	

Die einzelnen Werte s. Tab. 9. Für den Vergleich der einzelnen Versuchsstellen untereinander sind die Standardwerte mit 100 eingesetzt. Die Werte für die ersten Tage fehlen, da von unbekannter Seite am ersten Tage der Apparat umgeworfen und am zweiten die Glasglocke gestohlen wurde; diese neu zu beschaffen und für den Blechzylinder einzurichten, dauerte einige Tage. Zu beachten ist die vermehrte CO_2-Entwicklung nach dem Regen, trotz Fallens der Temperaturkurve.

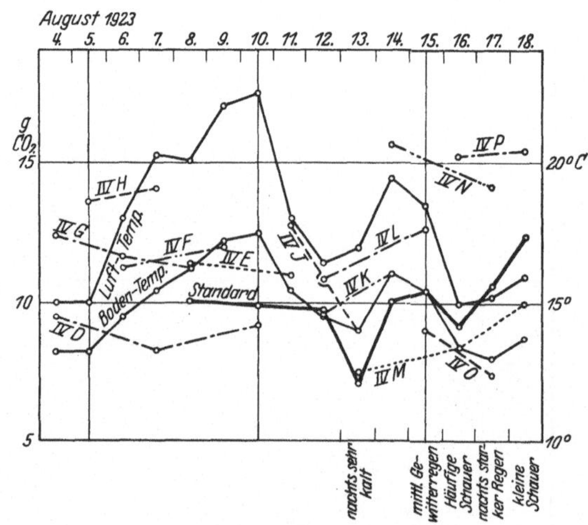

Abb. 6.   Bärenthoren.

IV D liegt nur 40 Schritt von IV A—C entfernt, aber auf Bärenthorener Gebiet, im Jagen 15. Der jetzt 72jährige Kiefernbestand ist 0,4 geschlossen und 23 m hoch. Er ist hervorgegangen aus Saat auf altem Waldboden. Vor etwa 40 Jahren sollte er als gänzlich hoffnungslos aufgegeben und abgetrieben werden; Herr von Kalitsch tat das nicht, sondern machte ihn durch seine Behandlungsweise zu dem heute recht erfreulichen Bestand, der sich gut natürlich zu verjüngen beginnt. Näheres s. bei Möller (31 S. 21, 31—34). Unter 2—4 cm Kiefernnadeln, die von Hypnum durchwachsen sind, liegt eine 2 cm dicke Schicht von graubraunem humosen Sand. Es folgt 25 cm gelbbrauner Sand, der allmählich heller wird.

Die CO_2-Menge ist auffallend gering; am 10. 8. betrug sie 93 % des Standardwerts. Dabei ist der Bodenzustand scheinbar ein recht guter.

IV E. An der Südgrenze des Jagens 16, in einer der von Möller angelegten und beschriebenen Versuchsflächen (31 S. 28/29, 31). Der 66jährige Kiefernbestand ist 0,5 geschlossen und 23 m hoch; er ist begründet durch Streifensaat auf ehemaligem Ackerland. Die Bodendecke besteht aus 3 cm sich scheinbar gut zersetzenden Kiefernnadeln. Darunter liegt braungelber Sand, der bei 40 cm Tiefe allmählich heller wird.

Die Kohlensäureproduktion liegt mit 114 % wieder unter der zum Vergleich herangezogenen Stelle IV F. Die Bodendecke wird auf dieser Fläche stets als besonders günstig in der Zersetzung bezeichnet.

IV F liegt dem Bärenthorener Jagen 16 gegenüber im Jagen 37 der Zerbster Stadtforst, Försterei Krakau (31 S. 28 und 31). Die Versuchsstellen IV E und IV F liegen nur etwa 50 Schritt voneinander entfernt. Die jetzt 69jährigen Kiefern sind durch Streifensaat begründet auf altem Waldboden; sie sind 18 m hoch und 0,6 geschlossen. Reisig und Nadelstreu sind seit einigen Jahren nicht mehr entfernt worden. Der Boden ist bedeckt mit einer 2—3 cm dicken Schicht von Kiefernnadeln; dazwischen steht etwas Polytrichum und Renntierflechte. Darunter liegt 3—5 cm hellgelber Sand, der etwas verfestigt ist; es folgt gelber Sand, der allmählich wieder etwas heller wird. Auf dieser Fläche, deren Bodenüberzug immer als schlecht angesehen wurde, ist die CO_2-Entwicklung mit 120 % am 9. 8. relativ und absolut höher als auf der vorher beschriebenen Stelle IV E.

IV G ist in der Nordwestecke des Jagens 14 gelegen. 101jährige Kiefern, die aus Saat hervorgegangen sind, 0,5 geschlossen und 23 m hoch sind, bilden den Oberbestand. Darunter stehen etwa 15jährige Birken, die 1912 als kleine Loden im 2 m=Quadratverband gepflanzt sind und jetzt durchschnittlich 7 m hoch sind, und einzelne 35jährige 4 m hohe Fichten aus Saat, ferner durchschnittlich 1 m hohe Anflugkiefern. Am Boden findet sich bis zu 30 cm hoher Schafschwingel. Die Bodendecke besteht aus einer 1 cm dicken Schicht von Polytrichum, Hypnum und unzersetzten Kiefernnadeln und aus 3 cm gut zersetzten Nadeln, die von Graswurzeln durchzogen sind. Unter 3 cm lockerem humosen graubraunen Sand folgt graugelber Sand. Die CO_2-Menge beträgt 112 % am 8. 8. Auffallend ist, daß trotz steigender Luft und Bodentemperatur die CO_2-Kurve fällt, da die Kleinlebewesen wohl Wassermangel gehabt haben.

IV H im Jagen 3, Abt. b. Unter jetzt 103jährigen 24 m hohen Kiefern mit starker Krone, 0,6 geschlossen, die auf altem Waldboden durch Saat hervorgegangen sind, stehen 6—10 m hohe, im Durchschnitt 8 m, 3—7 cm dicke, im Durchschnitt 5 cm, im Wuchs stockende, dicht geschlossene Buchen, die im Jahre 1886 als einjährige Sämlinge in einem Verband von 1,3 mal 1 m gepflanzt wurden. Der Boden ist bedeckt mit einer 2 cm hohen Schicht unzersetzter Kiefernnadeln und Buchenblätter, zwischen denen etwas Polytrichum steht, und einer 8 cm starken schwarzbraunen Schicht von verfilztem Rohhumus von Buchenblättern und Kiefernnadeln. Der Boden selbst besteht aus 30 cm schwarzgrauem humosen Sand; darunter liegt brauner Sand, der bei 15 cm allmählich in gelben Sand übergeht.

Die Messung der Bodentemperatur zeigt regelmäßig $1^1/_2^0$ weniger als die gleichzeitigen Messungen an anderen Stellen des Reviers. Der dichte Schluß des Buchenblätterdaches läßt nicht genügend erwärmende Sonnenstrahlen auf den Boden gelangen. Dadurch erklärt es sich, daß die an sich schon große Menge der abfallenden Blattstreu nicht genügend zersetzt werden kann und zu Rohhumus verfilzt. Es steht damit nicht im Widerspruch, daß die absolute Menge produzierter Kohlensäure, etwa 160 %, wesentlich höher ist als an anderen Stellen, z. B. den Standardstellen, an denen sehr viel weniger zersetzbare organische Substanz vorhanden ist.

IV J am Südwestrande des Jagens 53, Abt. a. Der Bestand ist ein Stangenholz von 58jährigen Kiefern, die 10 m hoch sind und durch Saat begründet wurden; er ist 0,8 geschlossen. Der Bodeneinschlag zeigt 1 cm Hypnum und Renntierflechte, 2 cm schwach verfilzte Kiefernnadeln, 2 cm Kiefernhumus mit Sand gemengt, 3 cm graubraunen humosen Sand; darunter folgt gelber Sand. Obgleich die Bodendecke keinen günstigen Eindruck macht, stellt sich die CO_2-Produktion doch auf im Durchschnitt 120 %.

IV K am Nordwestrande des Jagens 61. Wenige Schritte entfernt im gleichen Bestand ist die schlechteste Stelle des Reviers gelegen, eine jetzt etwa 1 a große Fläche mit sehr geringen, etwa 6 m hohen Kiefern. Auch die Entnahmestelle IV K wurde 1913 als 5. Bodenklasse angesprochen, hat sich jetzt jedoch zu einer schwachen 4. verbessert. Der Bestand ist nämlich schon 65jährig; er stammt aus Ackeraufforstung. Die Kiefern sind sehr ästig, 12 m hoch, ziemlich dünn und 0,7 geschlossen. Die Bodendecke besteht aus einer 1 cm dicken Schicht von Kiefernnadeln und Renntierflechte. Darauf folgen 2 cm humoser Sand (Mull), 3 cm grauer, ausgebleichter Sand, 20 cm braungelber Sand, darunter gelber Sand.

Diese Versuchsstelle, die die schlechteste Bodendecke von den untersuchten Flächen zu haben scheint, steht mit im Durchschnitt 105% immer noch über den Standardwerten. Zu berücksichtigen ist hierbei ferner, daß die Menge der Nadelstreu und des Reisigs, die verwesen kann, mit Abstand die geringste sein dürfte.

IV L liegt am Ostrand des Jagens 16, Abt. b. Es stand hier ursprünglich ein Mischbestand von Kiefer mit einzelnen Buchen. Die Kiefern wurden abgetrieben, einzelne Buchen übergehalten. Vor 46 Jahren wurde darunter eine Eichenpflanzung ausgeführt mit Kiefern als Treibholz dazwischen. Die Eichen wurden von den Kiefern aber überwachsen und dann größtenteils herausgehauen, so daß jetzt ein Kiefernstangenholz übriggeblieben ist mit einzelnen eingesprengten Buchen und Eichen. Die gutwüchsigen Kiefern sind 19 m hoch und 0,8 geschlossen. Der Bodeneinschlag zeigt 2 cm sich gut zersetzende Kiefernnadeln (an dieser Stelle keine Eichen= oder Buchenblätter), 4 cm schwach verfilzte Kiefernnadeln, 2 cm gelbgrauen humosen Sand, darunter gelben Sand. Bei der Anhäufung nicht völlig zersetzter Streu beträgt die CO_2=Entwicklung durchschnittlich 116%.

IV M am Südrand des Jagens 27. Das 40jährige Kiefernstangenholz ist 15 m hoch und 0,8 geschlossen; es ist erste Bonität nach Schwappach. Hervorgegangen ist es durch Streifensaat auf altem Ackerland. Der Bodenüberzug ist sehr weich und federnd; er besteht aus 3—4 cm Hypnum und 6—8 cm lockeren Kiefernnadeln, die sich gut zersetzen. Der Boden ist ein grauer Sand, der bei 25 cm Tiefe (der alten Pflugsohle?) stark abgesetzt in gelben Sand übergeht. An dieser Stelle wurde der Bodenzustand als recht guter angesehen; trotzdem beträgt die CO_2=Produktion im Durchschnitt nur 93%. Beachtlich ist das Steigen der Kurve nach dem Regen, obgleich die Temperaturkurve sinkt.

IV N am Ostrand der Abteilung a des Jagens 15. Unter 100=jährigen, 23 m hohen, 0,4 geschlossenen Kiefern mit starken Stämmen und starker Krone, die aus Saat auf altem Waldboden hervorgegangen sind, steht gruppenweise verteilt 0,5—2,5 m, im Durchschnitt 1,5 m hoher frohwüchsiger Kiefernjungwuchs, der sich zu schließen beginnt. Die Entnahmestelle liegt unmittelbar am Ostrand einer solchen Gruppe. Der Boden ist bedeckt mit bis zu 40 cm hohem Schafschwingel. Der Bodeneinschlag zeigt 2 cm Hypnum und Kiefernnadeln, 4 cm sehr gut zersetzte Nadeln mit Graswurzeln durchwachsen, 3 cm schwarzgrauen humosen Sand, 25 cm graugelben Sand, darunter gelben Sand. Die CO_2-Menge beträgt im Durchschnitt 140%. Der Regen übt an dieser Stelle keinen Einfluß aus; CO_2-Kurve und Temperaturkurven verlaufen parallel.

IV O im Jagen 40, Abt. a. 42jährige, 12 m hohe Kiefern, 0,7 geschlossen, bilden den Bestand, der durch Saat entstanden ist. Der Boden ist mit einer 5 cm starken Schicht von Kiefernnadeln, Reisig und Hypnum, mit etwas Sand gemischt, bedeckt. Darunter liegen 3 cm hellgraubrauner Sand, 15 cm dunkelbrauner Sand, durch eine dünne Kiesschicht von einem graugelb bis gelben Sand getrennt. Hier ist die CO_2-Entwicklung am geringsten von allen Bärenthorener Versuchsstellen, nur im Durchschnitt 79%. Ein Einfluß des Regens ist nicht festzustellen.

IV P liegt wenige Schritte von IV O entfernt in der benachbarten Abt. b des Jagens 40. Unter 96jährigen, 20 m hohen breitkronigen, 0,3 geschlossenen Kiefern hat sich, über die ganze Fläche verteilt, 10—22jähriger, frohwüchsiger, 2—5 m, im Durchschnitt 3 m hoher Kiefernanflug angefunden, der locker geschlossen ist (vgl. auch Möller, 31 S. 23 und 27). Am Boden befindet sich bis zu 30 cm hohe, jetzt durch das Moos zum Absterben gebrachte Heide, 3—5 cm Hypnum und Polytrichum und eine 2 cm starke schwarzbraune Schicht von Kiefernhumus, Heidewurzeln und Sand. Der Boden selbst besteht aus graubraunem Sand, der bei 20 cm Tiefe in gelben Sand übergeht. Die CO_2-Produktion erscheint mit 145% im Durchschnitt als recht günstig. Die verrottende Heide wird ihre wichtigste Quelle sein.

Zusammenfassung. Beim Vergleich der Versuchsflächen untereinander ergibt sich folgende Reihe:

160% IV H. Stockende, dichte, 40jährige Buchen unter Altholz, 8 cm Buchentrockentorf.

145% IV N. Kiefernjungwuchs unter Altholz, hoher Schafschwingel.

145% IV P. Kiefernjungwuchs unter Altholz, absterbende Heide und viel Moos.

129% IV J. 58jähriges geringes Kiefernstangenholz, schwacher Bodenüberzug mit Renntierflechte und Hypnum.

120% IV F. Vergleichsfläche in der Zerbster Stadtforst, bis vor wenigen Jahren Streunutzung.

116% IV L. Gutwüchsiges, geschlossenes 40jähriges Kiefern=stangenholz, geringe Rohhumusbildung.

114% IV E. Vergleichsfläche. 66jährige Kiefern, licht gestellt, Kiefernnadeln in günstiger Zersetzung.

112% IV G. Unter lichtem Altholz 15jährige Birken und etwas Kiefernanflug; Schafschwingel.

105% IV K. Sehr geringes 65jähriges Kiefernstangenholz, Renn=tierflechte; schlechteste Stelle des Reviers.

100% IV A—C. 70jährige lichte Kiefern. Zerbster Stadtforst, bis vor wenigen Jahren Streunutzung. Standardstelle.

93% IV D. Vergleichsfläche. 72jährige, licht gestellte Kiefern, gute Zersetzung, Nadeln und Hypnum; Anflug.

93% IV M. Sehr gutes 40jähriges Kiefernstangenholz, gut zer=setzte Nadeln und viel Hypnum.

79% IV O. 42jähriges Kiefernstangenholz, Nadeln, Reisig und Hypnum mit Sand gemischt.

Die Bestimmungen in Bärenthoren haben zunächst nicht voll befriedigt. In der Güte eines Bestandes und seiner Bodendecke und in der Menge der abgegebenen Kohlensäure scheint keine Über=einstimmung zu bestehen. Wenigstens trifft das zu der Zeit, in der meine Bestimmungen vorgenommen wurden, nicht zu. Es ist hier noch eine Klärung dringend erwünscht durch weitere Untersuchungen, die zu anderen Jahreszeiten angestellt werden müßten (s. auch II S. 112). Diese werden zeigen, daß in den gepflegten Beständen mit guter Bodendecke die abgegebene CO_2=Menge nicht nur eine große ist, sondern daß die Bodenatmung während eines ziemlich kurzen Zeitraums die höchsten Werte erreicht, und zwar im Früh=jahr, zu einer Zeit, in der die Bäume den größten CO_2=Bedarf haben. Bis dahin dürfen meine Untersuchungen aber nicht etwa als ein Beweis gegen die Theorien angesehen werden, die der Kohlen=stoffernährung des Waldes ausschlaggebende Bedeutung beimessen.

13. Die Hohenlübbichower Bestimmungen.

Der Teil des Reviers des Herrn Landrat Dr. h. c. von Keudell in Hohenlübbichow, in dem die Bestimmungen Nr. 273 bis 314 ausgeführt wurden, liegt auf Talsandböden, die nach den jetzigen den Beständen der 3. Kiefernbonität zuzurechnen sind. Der Schluß der Altbestände ist mangelhaft; es hat sich daher ein reicher Graswuchs eingestellt, der durch jahrzehntelange intensive Schafweide besonders verstärkt wurde.

Das eigenartigste Gepräge verleiht der Hohenlübbichower Wirtschaft die durch den starken Graswuchs bedingte Art der Bodenbearbeitung. Bearbeitung auf ganzer Fläche wird einer solchen auf Streifen vorgezogen; verbesserte Ackergeräte dienen zur Überwindung der verhältnismäßig großen Schwierigkeiten. Nach verschiedenen Versuchen wird neuerdings auf der Kahlfläche und auch unter Schirm von Altholz folgendes Verfahren als das beste angesehen und zur Zeit angewandt: Der vergraste Boden wird mit der Scheiben= oder Flügel= oder Spatenegge über Kreuz zerkleinert, dann mit dem Schwingpflug wie Ackerland tief umgepflügt und die Schollen nochmals mit der Scheibenegge zerkleinert. Ohne ein vorheriges Behandeln mit der Scheibenegge würde der Pflug den Rasenteppich nicht zerschneiden können; außerdem wird so das schädliche glatte Umklappen der Schollen vermieden, sondern eine ziemlich gleichmäßige Mischung von Grasteilen und Mineralboden erzielt. Nach dem Pflanzen oder Säen ist es noch 2 oder 3 Jahre hindurch erforderlich, zwischen den Reihen zur Zerstörung des sich wieder einstellenden Graswuchses je nach Bedarf 1—3mal zu igeln. In unmittelbarer Nähe der Pflanzen wird mit einer gewöhnlichen Hacke von Menschenhand das Gras vernichtet. Bei diesem Verfahren entstehen sehr kräftige Kulturen, die Frost=, Dürre= und Mäusegefahr wird sehr weitgehend vermindert, so daß es keine Schwierigkeit macht, Buchen und Eichen auch ohne Schirm hochzubringen.

Ganz neu sind die Versuche, durch Fräsmaschinen die Bodenbearbeitung vor der Kultur vorzunehmen und auch nachher die Streifen durch schmale Fräsen vom Gras frei zu halten. Diese Fräsen werden von den Siemens=Schuckert=Werken gebaut und auf dem eigens zu diesem Zweck erworbenen Gut Gieshof erprobt und vervollkommnet. Bei ihnen werden Pferde und Menschen durch Explosionsmotore ersetzt, und es wird eine noch bessere Mischung von Grasteilen und Mineralboden erreicht; das Verfahren verspricht daher die günstigsten Erfolge.

Meine Arbeitsweise hat in Hohenlübbichow eine kleine Veränderung erfahren insofern, als bei einer Versuchsreihe nicht wie vorher mehrere Bestimmungen an derselben schon durch den Blechzylinder begrenzten Stelle entnommen wurden, ohne daß der Zylinder aus dem Boden genommen wurde. Es wurde vielmehr, außer bei den Standardreihen, für die zweite bzw. dritte Bestimmung derselben Reihe an einer dicht dabeigelegenen Stelle erneut der Zylinder in den Boden gedrückt. Es geschah dies jedoch stets, wenn irgend möglich, mindestens 24 Stunden vor dem Ansetzen des Versuchs. Da das zur Verfügung stehende Brunnenwasser sehr hart war und ziemlich alkalisch reagierte, konnte es auch nach dem Auskochen zum

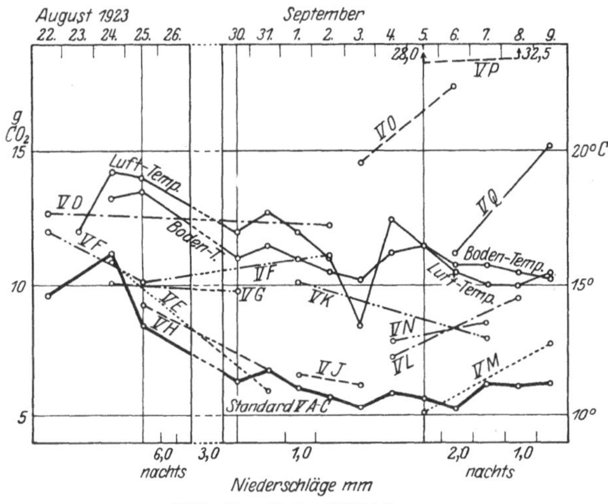

Abb. 7. Hohenlübbichow.

Auswaschen des Bariumkarbonats nicht verwendet werden. Ich benutzte daher destilliertes Wasser.

Die Ergebnisse meiner Bestimmungen, die in die Zeit von Ende August bis Anfang September 1923 fallen, sind auf der Tab. 10 und kurvenmäßig auf Abb. 7 zusammengestellt.

V A—C. Die Standardreihen für die Hohenlübbichower Bestimmungen liegen im Jagen 45g in einem 74jährigen Kiefernbestand, der auf ehemaligem Ackerland durch Zapfensaat entstanden ist. Der Bestand ist 18 m hoch, 0,6 geschlossen; die Kronen sind ziemlich schwach. Der Bestand ist als Standardstelle ausgewählt, weil in ihm noch verhältnismäßig lange, bis vor 2 Jahren, die Schaf- weide ausgeübt wurde, wie es früher im ganzen Revier getrieben

Tabelle 10. Hohenlübbichow.

Spaltenüberschrift über A–Q: g CO₂ je 1 qm in 24 Std. — Reihen V

Aug. 1923	Luft-Temperatur	Boden-Temperatur	Bewölkung			A	B	C	D	E	F	Q	H	J	K	L	M	N	O	P	Q	Niederschläge mm	
22.			0	0	0	19,2			12,7		12,0												
23.	17°		0	0	0																		
24.	19¼°	18¼°	1/2	0	1/2	22,3				10,9		10,1										6,0	nachts Regen
25.	19°	18½°	R.	1/1	1/2			16,9			10,1		9,3										
26.			0																				
30.	17°	16°	R.	1/4	0		12,7					9,8										}3,0	
31.	17¾°	16½°	0	3/4	1/1			13,6		6,0			6,8										
1.	17°	16°	1/1 R.	1/1 R.	1/1	12,2								6,6	10,1							1,0	
2.	16°	15½°	3/4	3/4	0		11,7		12,3		11,1												
3.	13½°	15¼°	0	1/2	0			10,6						6,2					14,6				
4.	17½°	16¼°	0	0	0	11,9										7,3		7,9				
5.	16½°	16½°	1/1	1/2	0		11,3										5,1			28,0		
6.	15½°	15¾°	1/1 R.	3/4	1/2			10,5											17,5		11,2	2,0	nachts Regen
7.	15°	15¾°	1/1 D.	1/2	1/2	12,6									8,0			8,6				
8.	15°	15½°	1/2	3/4	1/4		12,4									9,5				32,5		1,0	
9.	15½°	15¼°	0	0	0			12,5									7,8				15,2	
10.			0																				
Sept.						¹/₂ = 100%			226	88	190	154	100	108 116 112	166 128 147	122 158 140	90 124 107	132 136 134	(276 334 305)	496 524 510	214 244 229	%	

wurde. Es hat sich dadurch ein sehr dichter Grasteppich gebildet, einzelne Stengel sind bis zu 1,2 m hoch. Die Hauptmenge des Grases lagert, ist mit Hypnum und verschiedenen kleineren Kräutern durchwachsen und bildet eine etwa 5 cm hohe Schicht. Der Bodeneinschlag zeigt 5—7 cm schwarzbraunen humosen Sand, von Graswurzeln dicht durchzogen und durch die Schafe fest getreten, 25 cm graubraunen lehmigen Sand, darunter graugelben Sand.

Wie auch an einer anderen mit einer festen Grasnarbe bedeckten Stelle ist die CO_2-Menge abnorm groß. Es scheint so, als ob in dem dichten Wurzelfilz des Grases infolge der geringen Durchlüftung die Bodenluft sehr an CO_2 angereichert ist, daß also eine größere Menge CO_2 absorptiv aufgespeichert wird. Infolge der saugenden Wirkung der Kalilauge wird diese CO_2-Menge, außer derjenigen, die sich während der Dauer des Versuchs bildet, in der Kalilauge aufgefangen, und alle gefundenen Werte sind zu hoch. Diese Annahme scheint mir die auffallende Erscheinung am besten zu erklären.

Ein gleichartiger, gleichaltriger Bestand ist der unter V G—J beschriebene. Bei V H ist auf dem Pflugstreifen der Grasfilz entfernt; es fällt also an dieser Stelle der vorstehend angegebene, die Resultate verschiebende Einfluß der Grasdecke weg. Die zur Zersetzung verfügbare Menge organischer Substanz dürfte an beiden Stellen dieselbe sein. Es müßten darum die tatsächlich entwickelten CO_2-Mengen auch dieselben sein. Bei V H findet sich nur die Hälfte der bei den Standardreihen gefundenen Mengen CO_2; diese werden wahrscheinlich also etwa das Doppelte des Tatsächlichen anzeigen. Man wird daher zum Vergleich der einzelnen Versuche untereinander nur die halben Standardwerte einzusetzen haben; diese halben Werte sind gleich 100 gesetzt.

Die ersten drei Werte sind so hoch, daß sie zum Vergleich mit denen anderer Reihen nicht herangezogen wurden. Später folgt die Kurve der CO_2-Menge ziemlich genau den Temperaturkurven. Nach längerer Zeit trockenen Wetters steigt nach dem Regen am 6. 9. die CO_2-Abgabe, während die Temperaturkurve unverändert bleibt.

V D im Jagen 16 b in einer Kiefernschonung, die zu den ältesten gehört, welche nach der von Keudellschen Methode mit bestem Erfolg begründet und gepflegt wurden. Der Bestand wurde 1913 durch Reihenpflanzung einjähriger Kiefern begründet; die Bodenvorbereitung bestand in flachem Schälen, Zerkleinern, tiefem Pflügen und

nochmaligem Zerkleinern. Zwischen den Reihen wurde in den nach=
folgenden Jahren mit dem Igel gearbeitet und gehackt; die Reihen
selbst stehen dadurch etwas erhöht, ähnlich angehäufelten Kartoffel=
reihen. Die sehr frohwüchsigen Kiefern sind im Durchschnitt 5 m
hoch; der Bestand ist im letzten und in diesem Jahre durchforstet
und ergab in beiden Jahren neben aufgemessenem Brennreisig schon
Grubenholz, so daß der Wert des Holzes ein Vielfaches der Läute=
rungskosten betrug. Der Boden ist mit $^{1}/_{2}$—2 cm Nadeln und etwas
Reisig aus den Durchforstungen bedeckt. An den Reihen selbst bilden
beide zusammen eine 5—10 cm hohe, lockere Schicht. Der Boden
besteht aus lockerem hellbraunen Sand. Die CO_2=Menge liegt mit
226% am 2. 9. sehr beachtlich hoch. Dadurch erklärt sich leicht das
erstaunlich gute Wachstum der Kultur, die schon nach 9 Jahren
Gelderträge liefert.

V E im Jagen 48c bildet ein Gegenstück zu V D. Die Schonung
wurde im Frühjahr 1907 auf ehemaligem Ackerland, das mehrere
Jahre unbenutzt gelegen hatte, begründet durch Pflanzung in einem
Verband von 1,3 zu 0,3 m von einjährigen „Ausländer"=Kiefern,
d. h. nicht neumärkischer Herkunft. Es waren mit dem Waldpflug
Streifen gepflügt worden; dadurch stehen die Kiefernreihen etwa
15 cm tiefer als die dazwischenliegenden Balken. Die Kultur ist
nur einmal gehackt worden. Die vielfach schlecht geformten Kiefern
stehen zum Teil lückig; sie sind 4,5—5 m hoch. Auf dem Boden
wächst etwa 5 cm hoch Gras mit etwas Hypnum. Ferner findet
sich eine 1 cm hohe Schicht von Kiefernnadeln, in den Pflugfurchen
etwas mehr. Die oberste Bodenschicht, 5 cm, wird von hellgrau=
braunem ausgebleichten Sand gebildet; darunter ist der Sand etwas
dunkler. Die CO_2=Abgabe beträgt nur 88%. Das ist nur etwa $^{2}/_{5}$
der bei V D erzeugten Menge. Es beweist den nachhaltigen Wert
der gleichmäßigen Bodenbearbeitung, daß diese ältere Kultur viel
geringer ist als die vorher beschriebene.

V F im Jagen 14c, in einer 1919 durch Pflanzung 1jähriger
Kiefern und truppweise eingesprengter Buchenheister begründeten
Schonung. Der Boden (Kahlschlagfläche) wurde wie bei V D be=
schrieben bearbeitet, im Jahre 1922 wurde zuletzt geigelt. Die froh=
wüchsigen Kiefern sind 1,2—2 m hoch, im Durchschnitt 1,5 m.
Zwischen den Reihen findet sich schwache Begrünung von Gras
und Sauerampfer. Der Bodeneinschlag zeigt 20 cm lockeren schwarz=
grauen Sand, oben ziemlich hell, nach unten dunkler. Darunter

liegt gelbbrauner Sand. Die CO_2-Menge beträgt 190%, d. i. mehr als das Doppelte der Kultur V E, obgleich in dieser der jährliche Nadelabfall natürlich viel mehr zersetzbare organische Substanz liefert. Auch ein Beweis für den Wert der Bodenbearbeitung.

V G, H und J im Jagen 2h. Diese Abteilung ist ein Versuchsfeld unter einem 75jährigen, 18—20 m hohen, 0,6 geschlossenen Kiefernbestand auf ehemaligem Ackerland, zur Erprobung verschiedener Bearbeitungsweisen, die jede einen etwa 10 m breiten, langen Streifen einnehmen. Im Frühjahr 1922 wurden auf allen Probeflächen Kiefern in Streifen gesät und Buchen- und Eichenwildlinge in weitem Abstand dazwischengepflanzt.

Von diesem Probestreifen ist bei V G die ganze Fläche im Winter 1921/22 gepflügt und mit Scheibenegge und Saategge zerkleinert. 1922 und 1923 wurde je zweimal geigelt, zuletzt am 1. 8. und am 25. 8., also nach der ersten Bestimmung, wurden die Pflanzen behackt. Die Buchen und Eichen sehen sehr frisch aus und sind bis 30 cm hoch. In den Kiefernreihen kommen Fehlstellen vor. Zwischen den Reihen liegen verrottende Grasreste obenauf. Der Boden besteht bis 6 cm Tiefe aus durch das Igeln und Hacken gelockertem hellgrauen Sand, der mit alten Graswurzeln gemengt ist. Es folgt 5—7 cm ungelockerter dunkelgraubrauner Sand und darunter gelbbrauner Sand.

Bei V H wurden mit dem verbesserten Waldpflug, der die Schollen nach beiden Seiten wirft, Furchen gezogen, die weiter nicht gelockert wurden. Die Furchen sind durchschnittlich 10 cm tiefer als die dazwischengelegenen Balken. 1922 und 1923 wurde je einmal um die Pflanzen herum gehackt. Von den Buchen und Eichen sind etwa 50% eingegangen. Die Kiefern haben auch hier Fehlstellen. Auf den Balken steht locker bis 60 cm hohes Gras; in den Furchen liegen spärlich Kiefernnadeln. Die Bestimmungen wurden in den Furchen vorgenommen. Der Bodeneinschlag zeigt 5 cm festen hellgrauen Sand und darunter hellgelben Sand.

Bei V J wurden mit dem Waldpflug Furchen gezogen, diese mit dem Häufelpflug sehr tief gelockert und die Schollen mit der Saategge zerkleinert. Die Furchen liegen etwa 5 cm tiefer als die Balken. Die Buchen und Eichen sehen frisch aus und stehen fast vollzählig; die Kiefern sind auch regelmäßiger gelaufen. Auf den Balken steht bis 60 cm hohes Gras; in den Furchen, in denen auch die Bestimmungen vorgenommen wurden, findet sich geringe Be

grünung und etwas Kiefernnadeln. Unter 3—5 cm lockerem hell=
grauen Sand liegt hellgelber Sand.

Die CO_2=Werte betragen bei V G 154%, bei V H 100%, bei
V J 108 bzw. 116, im Durchschnitt 112%. Die Richtigkeit der
Bearbeitung auf der vollen Fläche (V G) kommt darin zum Aus=
druck, daß durch sie die CO_2=Menge um die Hälfte erhöht wird. Die
Pflanzen zeigen darum auf dieser Stelle bei weitem das gesündeste
und frischeste Aussehen. Ein einmaliges Auflockern und Zerreißen
(V J) hat nur geringeren Erfolg, wenigstens ist er nach $1^1/_2$ Jahren
nicht mehr allzugroß.

V K im Jagen 3b. Den Bestand bilden 26jährige „Ausländer"=
Kiefern, welche ohne weitere Bodenbearbeitung in Waldpflug=
furchen gepflanzt wurden. Der Bestand ist zweimal durchforstet,
10—12 m hoch und lückig; die Stämme sind ziemlich ästig. Die
Bodendecke besteht aus 3—5 cm lockerem Gras, Hypnum und sich
zersetzenden Nadeln oder aus 2 cm Nadeln und Streuresten. Der
Boden besteht aus 6 cm graubraunem Sand, 2 cm braunen ver=
torften Humusresten, 5 cm graubraunem Sand, 3—4 cm dunkel=
braunem Sand, darunter graugelbem Sand.

Die CO_2=Mengen betragen 166% bzw. 128%. Im Hypnum
(erster Wert), in dem kaum noch Reisigteile enthalten sind, ist die
Zersetzung erheblich größer als an der zweiten Stelle, wo Hypnum
fehlt, dafür aber mehr Zweigteile sich finden. Die Erklärung dürfte
darin liegen, daß das Moos das schnelle Absickern des Regens und
das schnelle Austrocknen des Bodens verhindert und dadurch den
Bakterien bessere Lebensbedingungen schafft.

V L und M im Jagen 3c. Es wurden hoffnungslose 23jährige
Ausländerkiefern im Jahre 1922 kahl abgetrieben. Im Winter bis
Frühjahr 1923 wurde die ganze Fläche gepflügt und mit Scheiben=
eggen zerkleinert. Anschließend wurde in dem noch sehr lockeren
Boden, zum Teil Flugsand, Kiefern gesät und Buchenwildlinge
gepflanzt. Zwischen den Reihen wurde zweimal geigelt, zuletzt
Ende Juli. Die Kiefernsaat steht ganz gut; die Buchen sind auch
ziemlich vollzählig vorhanden. Zwischen den Reihen liegt spärlich
verrottendes Gras. Der Bodeneinschlag zeigt 3—5 cm sehr losen
hellgelben Sand, 15 cm dunkelgraubraunen Sand und darunter
gelbbraunen Sand.

Bei V M wurde am 4. 9. in dieser Kultur mit dem Igel einmal
gelockert, am folgenden Tage wurde der erste Versuch aufgestellt.

Die Lockerung war bis 10 cm Tiefe gekommen; im übrigen war die Schichtung des Bodens dieselbe wie bei V L.

Die CO_2-Werte sind für V L 122 und 158%, bei V M 90 und 124%. Durch die Bearbeitung ist also die CO_2-Abgabe ziemlich erheblich zurückgegangen. Bei V L steigt nach dem Regen am 6. 9. der Wert um 20%, bei V M jedoch um rund 40%. Es ist also anzunehmen, daß durch die Bearbeitung bei dem sehr lockeren unbewachsenen Boden die Kleinlebewesen erheblich gestört werden. Sie bedürfen einige Zeit, um wieder die normalen CO_2-Mengen zu liefern, jedenfalls länger als 5 Tage, obgleich auch in dieser Zeit eine Zunahme festzustellen ist. Daß die CO_2-Menge später einen Stand über dem normalen erreicht, ist möglich und wahrscheinlich. Im ganzen muß man aber sagen, daß vom Standpunkt der Kohlenstoffernährung aus eine Bodenbearbeitung bei unbewachsenem, sehr lockeren Boden, in dem auch kaum mehr Humusstoffe enthalten sind, nicht zu vertreten ist. Man muß jedoch berücksichtigen, daß durch das Zerstören der Kapillaren der Wasserhaushalt gefördert wird, indem das schnelle Absickern des Regenwassers verlangsamt wird, der Boden also längere Zeit feucht bleibt.

`V N im Jagen 19e. Auf einer Kahlschlagfläche (Frühjahr 1919) wurde 1919, wie bei V D angegeben, der Boden bearbeitet, im folgenden Jahre wurde wegen des starken Seggewuchses die Behandlung wiederholt, und im Frühjahr 1921 wurden Kiefern und Traubeneichen in Reihen gesät. Zur Vertreibung des Grases wurde 1922 zweimal geigelt und einmal gehackt, 1922 zweimal geigelt und zweimal gehackt und 1923 dreimal geigelt und einmal gehackt. Zuletzt wurde geigelt Mitte Juni und gehackt Anfang August. Die sehr dicht gelaufenen Kiefern wurden durch Verzupfen auf einen Abstand von 50 cm gebracht. Sie sind jetzt wie die Eichen 30—50 cm hoch und kräftig entwickelt. Zwischen den Reihen liegen unregelmäßig Haufen von verrollenden Unkrautwurzeln. Der Bodeneinschlag zeigt 12—15 cm losen hellgrauen Sand, 5—7 cm schwarzgrauen und darunter gelbbraunen Sand. Die CO_2-Menge beträgt hier 134%, also fast genau so viel wie die gleichartige Fläche V L.

V O im Jagen 19d, neben V N gelegen. Die Kahlschlagfläche ist noch mit der sehr dicht stehenden, im Durchschnitt 50 cm hohen Segge bedeckt. Dem Boden lagert eine 2 cm starke Schicht von abgestorbenen Blattresten und sich zersetzenden Ästen des alten Bestandes auf. Bis zu 25 cm Tiefe ist der graue Sand durch die

Wurzeln der Segge zu einer festen Masse verflochten. 5 cm grauer Sand und, allmählich übergehend, gelbbrauner Sand liegt darunter.

Die gefundene CO_2-Menge ist sehr hoch, durchschnittlich 305%. Es gilt hier in noch verstärktem Maße das bei V A—C Gesagte. Der sehr dichte, feste Wurzelfilz hält viel CO_2 zurück, so daß die gefundenen Zahlen wahrscheinlich sehr viel zu hoch sind. Sie kommen also für einen Vergleich mit anderen nicht in Frage.

V P liegt wenige Schritte von V O entfernt. Am 30. 8., also 6 Tage vor der ersten Bestimmung, wurde mit der von den Siemens-Schuckert-Werken gebauten Motorfräse (G-Fräse) die Seggefläche zweimal über Kreuz, und zwar bis zu einer Tiefe von 20 cm durchgearbeitet. Dadurch ist eine jetzt 25 cm hohe lockere Schicht entstanden, in der grauer Sand gleichmäßig mit grünen Blatteilen, zerrissenen Seggewurzeln und alten Kiefernwurzeln und -ästen gemengt ist. Teile der Seggewurzeln und der Äste liegen auch obenauf. Unter der gelockerten Fläche folgt 5 cm stark grauer Sand und darunter gelbbrauner Sand.

Die Kohlensäuremenge erreicht die sehr hohen Werte von 28,0 und 32,5 g, das sind 496 bzw. 524%. Es sind die größten Mengen, die ich gefunden habe; sie werden nur um ein Geringes übertroffen durch die auf einem starken Trockentorfbalken in Neubruchhausen (III E) bei sehr viel höherer Luft- und Bodentemperatur gefundenen. Durch das Zerreißen und die sehr intensive Mischung mit dem Mineralboden werden die im Wurzelfilz und den oberirdischen Teilen der Segge vorhandenen großen Mengen organischer Substanz zu sehr lebhafter Zersetzung gebracht, die nach einigen Tagen noch stärker ist.

V Q im Jagen 12 i. Der alte Kiefernbestand wurde 1920 bis 1921 im Winter bis auf einige sehr weitständige Überhälter abgetrieben. Anfang August 1923 wurde die stark vergraste Fläche ganz umgepflügt. Am 4. 9. wurde die Probefläche durch Behandeln mit der Flügelegge, Pflügen und nochmaliges Eggen so weit vorbereitet, wie es für die Saat erforderlich ist. Die erste Bestimmung wurde am zweiten Tage darauf angesetzt. Der Boden besteht aus ca. 16 cm sehr losem hellgraubraunen Sand, mit alten Kiefernwurzeln und Grasresten gemischt, und darunter gelbbraunem Sand.

Die CO_2-Werte betragen 214 und 244%. Sie beweisen eine starke Zersetzung nach der Bodenbearbeitung, erreichen aber nur etwa die Hälfte derjenigen Mengen, die bei V P gefunden wurden.

Das kann weiter nicht verwundern; denn bei V P wurde die un=
berührte starke Grasnarbe in einem Arbeitsgange in einem für die
Aussaat genügenden Maße zerstört, während hier die Bearbeitung
auf zwei 5 Wochen auseinander liegende Zeiten verteilt war. In
der Zwischenzeit hat sich natürlich schon ein großer Teil der organi=
schen Substanz oxydiert. Auch bei dieser Bearbeitungsweise scheint
der Höhepunkt der Zersetzung erst eine gewisse Zeit nach der Boden=
behandlung erreicht zu sein, wofür das Ansteigen der Vergleichs=
prozente von der ersten zur zweiten Bestimmung spricht.

Zusammenfassung. Bei der Zusammenstellung der Hohenlübbi=
chower Ergebnisse ergibt sich diese Stufenleiter:

100% V A—C. Standardstelle, vergraster 74jähriger Kiefern=
  bestand.

510% V P. Mit starker Segge bewachsene Kahlfläche frisch gefräst.

229% V Q. Vor 5 Wochen gepflügte Kahlschlagsfläche, frisch geeggt
  und gepflügt.

226% V D. 11jährige Kiefernschonung, sehr wüchsig, auf voll um=
  gebrochener Fläche. Anfangs mehrere Jahre geigelt.

190% V F. 5jährige Kiefernschonung, sehr kräftig, bis 1922 ge=
  igelt.

154% V G. Unter Schirm 1921/22 voll umgebrochen, jährlich
  mehrmals geigelt und gehackt.

147% V K. 26jähriges Kiefernstangenholz, kürzlich durchforstet.

140% V L. Kahlschlagsfläche mit lockerem Sandboden, mehrmals
  geigelt.

134% V N. 3jährige Kultur, jährlich wiederholt bearbeitet.

112% V J. Bestand wie V G, Waldpflugfurchen gelockert und
  geeggt, nach der Saat einmal gehackt.

107% V M. Fläche wie V L, frisch geigelt.

100% V H. Bestand wie V G und J, ungelockerte Waldpflug=
  furchen.

 88% V E. 17jährige Ausländerkiefern in Waldpflugfurchen, un=
  bearbeitet.

Ferner mit 305% V O, Seggefläche, die aus den S. 73 angegebenen
  Gründen nicht verglichen werden kann.

Aus dieser Aufstellung ergibt sich, daß bis auf einen Fall, V M
auf sehr lockerem Sand (s. dazu S. 77), eine Bodenbearbeitung
nachhaltig die CO_2=Abgabe erhöht. Naturgemäß ist sie am höchsten
an Stellen, die zum erstenmal bearbeitet werden, da hier die meiste

organische Substanz vorliegt. Welche Form der Bodenvorbereitung, die durch Fräsen oder die durch mehrmaliges Eggen und Pflügen, vom Standpunkt der Kohlenstoffernährung, abgesehen von den Kosten der beiden Verfahren, am vorteilhaftesten ist, hängt ab davon, ob sofort Kulturpflanzen, also Waldbäume, mit genügend entwickelten Blättermengen in der unmittelbaren Nähe sind, die so große CO_2-Mengen zu verarbeiten vermögen. Oftmals, namentlich bei Freikulturen, wird das nicht der Fall sein. Es wäre also erforder= lich, zu untersuchen, welches Verfahren am nachhaltigsten hohe CO_2= Erträge gibt, die von der jungen Kultur in Assimilaten angelegt werden können. Da das Fräsverfahren erst im Anfang seiner Ent= wicklung steht, müssen bis dahin noch einige Jahre vergehen.

Es zeigt sich weiter, daß eine Bearbeitung auf voller Fläche der in Streifen überlegen ist. Bei der letzteren muß naturgemäß das erneute Anregen zur CO_2=Abgabe durch Igeln fortfallen. Die streifenweise Bearbeitung bringt außerdem bedeutende waldbau= liche Nachteile mit sich: die Frost= und Mäusegefahr wird durch das auf den Balken stehende Gras erhöht; das Gras macht den Kultur= pflanzen Konkurrenz in allen wichtigen Nährstoffen; es würde, wenn es durch Bearbeiten vernichtet wäre, der Kultur eine neue Quelle zu neuen CO_2=Mengen sein können. Deshalb hat Herr von Keudell eine Bearbeitung in Streifen auch schon seit längerer Zeit auf= gegeben.

Aus beiden Bearbeitungsweisen ließe sich vielleicht eine neue zusammenstellen, die vom Standpunkt der Kohlenstoffernährung größere Erfolge verspricht. Im ersten Jahre werden, am besten mit einer schmalen Fräse, Streifen möglichst intensiv bearbeitet und die Kultur angelegt. Bei sehr starkem Graswuchs ist vielleicht ein einmaliges Hacken am Platze. Im zweiten oder dritten Jahre bei Pflanzung, bei Saat vielleicht noch später, werden im Frühjahr oder Sommer die zuerst unberührt gebliebenen Dämme mit der gleichen Maschine bearbeitet, so daß dann Vollumbruch vorliegt. Dann kann auf der ganzen Fläche geigelt werden. Es würde hier= bei die auf den Dämmen befindliche organische Substanz zu einem Zeitpunkt zur Zersetzung gebracht werden, an dem die Blattorgane der Kulturpflanzen mehr ausgebildet sind und eine größere Menge von Kohlensäure verarbeiten können. Ein großer Teil der bei so= fortigem Vollumbruch ungenutzt entweichenden Kohlensäure käme also noch den Pflanzen zugute.

Übereinstimmend ergibt sich ferner, daß das Maximum der CO_2=
Entwicklung erst einige Zeit nach der Bodenbearbeitung erreicht
wird. Mit dieser Tatsache wird der Gärtner mit seinen schneller
wachsenden Kulturpflanzen, weniger der Forstmann, zu rechnen
haben, wenn er die ihm vom Boden gespendete Kohlensäure bis
zur Grenze des Möglichen ausnützen will.

14. Zusammenfassung meiner Versuche.

Nach vorläufigem Abschluß meiner Bestimmungen ist es möglich, all=
gemein die Faktoren einer Würdigung zu unterziehen, welche auf den
Kohlenstoffhaushalt im Walde von Einfluß sind. Selbstverständlich wirkt
eine Änderung eines Faktors nicht nur auf die Kohlensäure ein, sondern
hat auch andere standörtliche und biologische Änderungen zur Folge.
Aber im Rahmen dieser Arbeit liegt es mir daran, den Kohlenstoffhaus=
halt allein aus der Gesamtheit der Erscheinungen herauszuschälen.

Beeinflussung durch die Witterung.

Da der Hauptteil der vom Boden abgegebenen Kohlensäure das
Produkt der Lebenstätigkeit niederer Organismen ist, wird es von
vornherein verständlich sein, daß Einflüsse der Witterung sich in
ausgedehntem Maße geltend machen werden, weit mehr, als wenn
nur rein chemische Prozesse in Frage kämen.

Am wichtigsten ist der Einfluß der Temperatur. Er ist am Ver=
lauf der Standardkurven zu studieren, am besten an der in Abb. 4
(S. 41) dargestellten Kurve der Reihen II A—C im Frühjahr 1923.
Diese Kurve ist allein durch Temperatureinflüsse bedingt, und zwar
ist es nicht die mittlere Luftwärme, sondern die Bodenwärme, die die
CO_2=Produktion im Boden regelt. Das ist leicht einleuchtend; denn
die Bakterien und sonstigen Kleinlebewesen sind abhängig weit mehr
von der Temperatur ihrer nächsten Umgebung als von der Lufttempe=
ratur, die erst einer von mehreren Faktoren ist, welche ihrerseits die
Bodentemperatur bestimmen. Es kann vorkommen, daß einmal die
Lufttemperatur steigt, während die Bodentemperatur fällt, wie dies
z. B. am 23. 4. der Fall ist. Dann sinkt die CO_2=Abgabe ebenfalls.

Eine Änderung der Luftwärme wirkt sich erst nach einer gewissen
Zeit im Boden aus; eine Änderung der Bodentemperatur beein=
flußt nicht sofort im vollen Umfange die Lebenstätigkeit der Klein=
lebewesen. Manchmal erreicht nach einer Erhöhung der Luft= und
der Bodentemperatur die CO_2=Produktion erst am folgenden Ver=

suchstage ihr Maximum. Das ist z. B. am 26. und 27. 4. der Fall: Der Höchststand der beiden Temperaturkurven liegt am 26., der der CO_2-Kurve erst am 27. 4. — Eine Bodenbedeckung, die geeignet ist, die Wärmeausstrahlung zu begünstigen, z. B. ein Grasüberzug, kann die Bodentemperatur wesentlich beeinflussen. Es kann sich ereignen, daß durch die Wärmeausstrahlung in einer kalten Nacht die Bodentemperatur sinkt, während die mittlere Luftwärme steigt; dann fällt auch die CO_2-Menge, wie das bei den Versuchen der Reihen I C und D am 15. 7. zutrifft (vgl. S. 37 und die Abb. 2).

Nachdem der fördernde Einfluß einer Bodenerwärmung erkannt ist, wird der Forstmann bei der Behandlung seiner Bestände als einen seiner Leitsätze aufnehmen müssen: Wie erhöhe ich die Temperatur meines Waldbodens. Dem erfahrenen Praktiker werden dafür eine Reihe von Möglichkeiten offen stehen. Als wichtigste wird die Regelung des richtigen Kronenschlusses anzusehen sein. Man darf natürlich nicht so weit gehen, daß die Bestände verlichtet werden, daß eine Verangerung eintritt. Diese letztere erhöht wieder, wie das schon angeführt wurde, leicht die Wärmeausstrahlung während der Nacht. Man wird auch Schattenhölzer mit Lichthölzern mischen können; durch die weniger dichten Kronen der letzteren dringen wärmende Sonnenstrahlen reichlich durch, die auch unter den ersteren die Zersetzung fördernd beeinflussen. Man kann weiterhin unter einem lockeren Schirm von Altholz einen nicht zu dichten Unterbau anlegen, der wieder ein Übermaß an Sonnenstrahlen auffängt. Wenn er zu dicht ist, so wirkt er nachteilig auf die Bodenwärme, wie das bei der Reihe IV H (s. S. 66) in Erscheinung getreten ist. Welche Einschränkungen diese an sich überall gültigen Forderungen in einem bestimmten Revier erfahren müssen, hängt von den jeweiligen örtlichen Verhältnissen ab, die der Revierverwalter ja kennt.

Wie im vorstehenden schon angeführt wurde, haben mehrere Forscher bei aus dem natürlichen Verband genommenen Bodenproben festgestellt, daß eine Erhöhung des Wassergehalts eine Steigerung der Kohlensäureentwicklung bedingt. Diese Feststellung ist durch meine Versuche im wesentlichen auch für den natürlich gelagerten Boden bestätigt worden. Recht gut gibt hierüber die Kurve der Standardreihen III A—C Auskunft (vgl. Abb. 5). Bis zum 14. 7. steigen die Temperaturkurven, während die CO_2-Kurve sinkt; im Gegensatz dazu sinken vom 14. 7. ab die Temperaturkurven erheblich, während die CO_2-Kurve steigt. Hierfür kann nur der Wasserhaushalt im Boden eine Erklärung geben. Während der warmen, aber trockenen Zeit bis zum 14. ist der Boden, soweit er von Humus= stoffen bedeckt ist, stark ausgetrocknet; den Bakterien fehlte es daher an dem für ihr Leben erforderlichen Wasser, denn so reichlich wie Humusstoffe Wasser aufzusaugen vermögen, ebenso schnell verlieren sie es wieder. Es ging also die Menge der entwickelten CO_2 zurück. Gleich nach den geringen Regenmengen am 14. steigt die CO_2=Kurve und erreicht ihren Höchststand nach der gehörigen Durchfeuchtung der Bodendecke durch die starken Regenmengen am 16.

Der gleiche Vorgang ist mehrmals in Erscheinung getreten; es wurde bei den einzelnen Versuchen schon darauf hingewiesen. Die Bedeckung des Bodens mit Moos, das verhältnismäßig lange, je nach seiner Art und Stärke, Wasser zu speichern vermag, wirkt mehr oder weniger im günstigen Sinne ein. Auffallend ist jedoch, daß an den Stellen, an denen eine Bodendecke ganz fehlt, z. B. bei III D, der Einfluß des Austrocknens nicht in Erscheinung tritt. In dem dichten Flottlehm hält sich das Wasser sehr lange und versickert langsam. Im Frühjahr, bei den Reihen II A—C z. B., zu einer Zeit, in der noch reichlich Winterfeuchtigkeit im Boden steckt, ist eine Einwirkung der Durchfeuchtung nicht zu erkennen.

Den Wasserhaushalt in den oberen Bodenschichten zu regeln, wird in der Praxis des Forstmanns wenig in Frage kommen können. Einige Arten der Bodenbearbeitung ermöglichen vielleicht einen gewissen Ein= fluß. Das Wichtigste bleibt natürlich der Regen, der vom Himmel kommt.

Über den Einfluß des Windes auf die CO_2=Konzentration in der Waldluft ist schon gesprochen worden (vgl. S. 25). Es sei hier aber nochmals betont, daß der Erfolg einer vermehrten CO_2=Entwicklung am Boden ganz wesentlich dadurch beeinträchtigt wird, unter Um= ständen vielleicht sogar ganz aufgehoben werden kann, wenn der Wind kommt und durch den Bestand bläst und dabei einen schnellen Ausgleich zwischen der an CO_2 reichen Luft im Bestand und der armen außerhalb und über dem Kronendach bewirkt. Dieser Ein= fluß reicht bis in die untersten Luftschichten dicht über dem Boden. Es ist daher eine gebieterische Notwendigkeit, den Wind möglichst wenig in den Bestand hinein zu lassen, wofür Waldbau und Forst= einrichtung sorgen müssen. Diese wird für eine richtige Verteilung verschieden alter Bestände über das ganze Revier zu sorgen haben; sie wird die Hiebsführung entsprechend regeln müssen. Ungleich= altrige Bestände, Staffelung des Kronendachs, Unterbau unter Alt=

holz, Windmäntel dicht benadelter und dicht belaubter Holzarten am Rande und innerhalb des Bestandes zu schaffen, sind waldbauliche Maßnahmen, die einer dringenden Beachtung vom Standpunkt der Kohlenstofferernährung aus wert sind.

Beeinflussung durch die Bodendecke.

Über die Einwirkung von ihrer chemischen Zusammensetzung und der Art ihrer Entstehung nach verschiedenen Böden kann ich mir kein Urteil erlauben, da ich außer den wenigen Bestimmungen bei Gießen auf Ton nur auf Quarzböden — Sand oder Flottlehm — gearbeitet habe.

Aus gänzlich unbedecktem Boden (III D, V L—N) findet man stets eine gewisse Kohlensäuremenge ausströmen, die zwar verhältnismäßig niedrig ist. Sie stammt neben der aus dem Erdinnern hervordringenden CO_2 aus der Zersetzung der in den Böden enthaltenen geringen, z. T. in beträchtlicher Tiefe liegenden Humusstoffe. Je mehr Humusstoffe überhaupt vorhanden sind, um so mehr CO_2 kann naturgemäß auch entstehen. Daraus erklären sich auch die auf Trockentorf gefundenen beträchtlichen Mengen. Je mehr Streu und Reisig auf dem Boden zur Zersetzung kommt, um so mehr CO_2 kann sich aus ihnen entwickeln. Das ergibt mit der Zeit eine wesentliche Vermehrung des in den Kohlenstoffkreislauf einbezogenen Kohlenstoffs (vgl. S. 22); daraus folgt eine nachhaltige Erhöhung der Massenproduktion. Es ist daher eine möglichst alljährlich wiederkehrende, jeweils maßvoll eingreifende Durchforstung erwünscht, wie sie z. B. in Bärenthoren seit langem durchgeführt ist.

Ein Überzug von Moosen, besonders von Hypnum- und Polytrichumarten, wirkt nicht schädigend auf die CO_2-Entwicklung ein. Die Menge Kohlenstoff, die in den Moosen festgelegt ist, ist so gering, daß sie gänzlich bedeutungslos ist. In mehreren Fällen hat sich ein Moosüberzug sogar als nützlich erwiesen, da in ihm das Wasser länger zurückgehalten wurde; am auffälligsten ist das bei V K zu beobachten. Dadurch, daß die abfallenden Nadeln in dem grünen Moos eingebettet sind, liegen sie locker und können, da reichlich Sauerstoff bequem herantreten kann, sich schnell zersetzen; Rohhumusbildung ist also weitgehend hintangehalten.

Eine schwache Begrünung von einzeln stehenden Kräutern und Gräsern kann nicht ungünstig wirken. Wo aber ein dichter Grasteppich, eine richtige Verangerung des Bestandes eingetreten ist, da ist auch der Kohlenstoffhaushalt in Mitleidenschaft gezogen. Eine beträchtliche Menge CO_2 wird von dem Gras selbst geschluckt. Der Boden wird weniger erwärmt als ein nicht vergraster; dazu kommt, daß die Wärmeausstrahlung oftmals ziemlich groß ist. Auf die übrigen waldbaulichen Nachteile sei hier nur hingewiesen.

Statt einer Verangerung tritt im Nordwesten Deutschlands meist eine Verheidung ein. Diese Heide bildet selbst Holz, sie verbraucht daher für sich selbst noch mehr Kohlensäure als ein starker Graswuchs. Wärmeeinflüsse wirken sehr auf verheideten Boden ein, wie das die Reihen II G und H bei freistehender Heide besonders stark zeigen, um so mehr, je kürzer das Heidekrau tist. Der dunkelgefärbte Boden= überzug wird durch die Sonne rasch erwärmt; ebenso schnell aber gibt er die Wärme durch Strahlung wieder ab. Über die Einwirkung des Abplaggens s. die Versuchsreihen II O—Q. Ist der Bestand so weit herangewachsen, daß er die Heide zum Absterben bringt, oder hat sich zwischen ihr reichlich Hypnum oder Polytrichum eingestellt, die das gleiche besorgen, so zersetzen sich die Heidereste recht schnell und geben eine große CO_2=Menge. Einzelne stärkere Stengel, die lang= samer zergehen, halten die neu auffallenden Nadeln in lockerer Lage= rung, was natürlich günstig für die Oxydation ist.

In der Regel ist die Art des Bodenüberzugs eine Folge der Behand= lung des Bestandes. Der Wirtschafter wird dafür zu sorgen haben, daß er sich nicht auf dem Boden seines Bestandes Verhältnisse zieht, die für die Kohlenstoffernährung seines Waldes ungünstig sind.

Beeinflussung durch den Bestand.

Es ist schon mehrfach angedeutet worden, daß durch Eingriffe in den Bestand Günstiges und Ungünstiges für den Kohlenstoffhaushalt er= reicht werden kann. Eine richtige Führung des Hiebes ist für die prak= tische Forstwirtschaft vielfach das einzige, aber auch ein voll ausreichen= des Mittel zur Einwirkung auf die Kohlensäureverhältnisse. Um das zweckmäßigste Maß der Bodenerwärmung, des Windschutzes, der Kro= nenstärke und der Reisigmenge sowie die beste Bodendecke herbeizu= führen, leistet die verständig geführte Axt die besten Dienste. Der Forst= mann sollte sich beim Auszeichnen immer die Frage vorlegen: In wel= cher Weise kann ich dem Kohlenstoffhunger meines Waldes abhelfen? Er wird dann zu einer maßvoll gehandhabten Hochdurchforstung kommen.

Beeinflussung durch Bodenbearbeitung.

Eine Bodenbearbeitung wird in den meisten Fällen vom Stand= punkt der Kohlenstoffernährung zu begrüßen sein; sie wird nach der finanziellen Seite hin oftmals auch dann zu vertreten sein, wenn z. B. die Verjüngung eines Bestandes sie noch nicht erheischt. Im Bestande hat sich allemal eine Bodenbearbeitung als günstig er= wiesen. Am lehrreichsten sind da die Hohenlübbichower Reihen V D, F, G—J, die schon S. 80 eingehender gewürdigt sind, welche stets einen noch viele Jahre später meßbaren guten Einfluß ange= zeigt haben. Eine Bearbeitung auf voller Fläche ist derjenigen in Streifen überlegen, wahrscheinlich ist das Fräsen wirkungsvoller als das Pflügen, Eggen und Igeln.

Auf der Kahlfläche, bei der Kultivierung von verangerten oder verheideten Blößen oder von Ödländereien kann man mit Pflügen und Eggen oder mit Fräsen arbeiten. Welcher Arbeitsweise man den Vorzug geben will, hängt von den örtlichen Verhältnissen ab, wenn man nicht erst Streifen fräsen und nach einiger Zeit die Balken dazwischen ebenso behandeln will.

Unter Verhältnissen mit viel Trockentorf, wie sie Erdmann hat, ist das Entfernen des Torfes und Zusammenwerfen auf Dämme wohl die beste Methode, die auch eine höhere Gesamtmenge CO_2, auf die Flächeneinheit bezogen, liefert. Auch die große CO_2-Menge, die von den Dämmen ausgeht, wirkt in überraschender Weise wachs= tumssteigernd ein.

Welchen Einfluß künstliche Düngung, insonderheit Kalkung aus= übt, bleibt noch zu erforschen. Die einzige gekalkte und mit der Rollegge bearbeitete Versuchsfläche III G leidet daran, daß die Ein= griffe nicht bis auf den Mineralboden erfolgt sind. Trotzdem war eine recht lebhafte CO_2-Entwicklung zu verzeichnen.

Die Ergebnisse nach dem Impfen mit Guanol (10 und 11), ein wahrscheinlich aussichtsreiches Verfahren, sind nicht so weit durch= geführt, daß sie ein abschließendes Urteil zu fällen erlauben. Der Ge= danke, edel gezüchtete Bakterien, die in hohem Maße befähigt sind, die Zersetzung zu fördern, an ungesunden Stellen auf den Boden zu bringen, scheint mir dringend der eingehenden Beachtung würdig.

Man erkennt schon jetzt, daß es möglich ist, ziemlich weitgehend den Kohlenstoffhaushalt des Bestandes zu beeinflussen. Wird man auf eine zweckmäßige Kohlenstoffernährung des Waldes erst bewußt hinarbeiten, so kann es wohl keinem Zweifel mehr unterliegen, daß das angestrebte Ziel erreicht wird, eine Vermehrung des Zuwachses. Es bietet sich hier ein weites Arbeitsfeld, dessen sorgfältige Be= ackerung reiche Früchte bringen wird.

II.

1. Kann eine Steigerung des Kohlensäuregehaltes der Luft den Zuwachs der Pflanzen vermehren?

Diese Frage ist durchaus mit „Ja" zu beantworten. Es darf jedoch ein Faktor, der zum Aufbau des Pflanzenkörpers erforderlich ist, weder vollkommen fehlen, noch darf die CO_2-Konzentration einen Wert erreichen, bei dem eine Giftwirkung eintritt. Das dürfte bei den empfindlichsten Pflanzen das 50fache des normalen Gehalts, d. h. 50mal 0,03% sein. Bei allen Laboratoriumsversuchen, die das Gegenteil anzuzeigen scheinen, läßt sich irgendein Fehler in der Versuchsanstellung nachweisen, der von vornherein eine Schädigung der Versuchspflanzen bedingt und keine klare Deutung des Ergebnisses zuläßt.

In forstlichen Kreisen ist dem Gedanken der Kohlensäuredüngung stark Abbruch getan durch das Referat von Schmidt (42) über Arbeiten von Janert (20) und Spirgatis (41). Es ist in mehreren Aufsätzen durch Verschiedene (6, 29, 38, 39) gezeigt, daß diese Arbeiten als wissenschaftliches Beweismittel für das von Schmidt beabsichtigte Ziel nicht geeignet sind: Abzuleiten, daß eine Wachstumssteigerung durch Zufuhr von CO_2 nicht in Frage kommt, oder daß der normale Gehalt von 0,03% in der Luft voll ausreiche, dafür ist keinerlei Berechtigung gegeben. Auch aus den Ergebnissen der Schmidtschen Lichtarbeit (13) kann nur der Voreingenommene etwas zuungunsten der Kohlensäuretheorie herausfinden.

Der sog. „normale" Kohlensäuregehalt von 0,03% ermöglicht wohl eine ganz ansehnliche Wuchsleistung, die durch Düngung mit Mineralstoffen und Stickstoff noch erheblich gesteigert werden kann. Ein noch höherer Ertrag ist aber nur bei Erhöhung dieses Kohlensäuregehalts zu erzielen. Es sei hier schon bemerkt, daß die Zahl „0,03%" CO_2 keinen andern Sinn haben kann, als eine Merkzahl für das Gedächtnis zu bilden, keineswegs aber ständig die Luft, welche die Pflanzen umgibt, diesen CO_2-Gehalt aufweist. Es ergeben sich vielmehr sehr große Schwankungen; zudem liegt der Durchschnitt, wenigstens im Walde, erheblich höher (vgl. später S. 126).

In welcher Weise die Pflanzen auf eine Erhöhung eines der beiden für die Assimilation wichtigsten Faktoren, Kohlensäuregehalt und Lichtstärke, antworten, ist mehrfach von den Botanikern bearbeitet. Früher mußte nach den Untersuchungen Harders (8, s. auch I S. 7) angenommen werden, daß „die die Geschwindigkeit (der Assimilation) steigernde Wirkung einer CO_2-Konzentrationserhöhung relativ am größten bei schwachem Licht, und ebenso die relative Wirkung des Lichts am größten bei niedrigen CO_2-Konzentrationen" sei. Nach den Arbeiten Lundegårdhs (27 S. 78 und 24 S. 340) ergibt sich jedoch, daß „Steigerung eines Faktors um einen bestimmten Bruchteil eine um so erheblichere Steigerung der Assimilationsintensität hervorruft, je mehr im Minimum der Faktor ist". „Bei hoher Lichtintensität ist die Assimilation empfindlicher gegen Schwankungen der CO_2-Konzentration als gegen Lichtveränderungen. Im umgekehrten Falle, bei hoher CO_2-Konzentration und niedriger Lichtmenge, z. B. am Boden im Walde, sind die Pflanzen sehr abhängig von Veränderungen in der Lichtintensität." Trotzdem war es Lundegårdh (27 S. 86) möglich, „sogar bei einer Lichtintensität, die den 40. Teil des vollen Tageslichts ausmachte, durch CO_2-Zufuhr die Assimilation auf mehr als die doppelte Höhe zu bringen (Versuche mit Oxalis, Stellaria). Bei Tageslicht von Stärke $^1/_4$—$^1/_1$, also dem normalen Lichtgenuß der Sonnenpflanzen in den hellen Stunden des Tages, ist es leicht möglich, die Assimilationsintensität auf ein Vielfaches des unter „normalen" Bedingungen erreichten Höchstwertes zu bringen. Häufig bleibt hierbei die direkte Proportionalität CO_2-Gehalt zu Assimilation sehr weit bestehen."

Nach dem Mitscherlichschen Wirkungsgesetz der Wachstumsfaktoren steigert die Erhöhung eines Wachstumsfaktors den Ertrag nach einer logarithmischen Kurve. Die steigernde Wirkung ist um so größer, je weiter dieser Faktor von dem Optimum, welches den Höchstertrag bestimmt, entfernt ist. Da das Optimum der CO_2-Konzentration bei viel höherem Gehalt liegt, gehören die CO_2-Konzentrationen, die in der Natur vorkommen und zu erreichen sind, zu denjenigen, bei welchen die Ertragskurve ziemlich steil ansteigt. Innerhalb dieser Grenzen wird also eine Steigerung des CO_2-Gehalts eine ziemlich erhebliche Assimilationsvermehrung zur Folge haben müssen. Bornemann (5 S. 7) nimmt an, daß die Größe der Assimilation innerhalb der Grenzen der Leistungsfähigkeit der Zellen proportional dem CO_2-Gehalt der umgebenden Luft ist. Durch Lundegårdhs (27 S. 86) Versuche wurde gezeigt, daß „erhöhte CO_2-Zufuhr durchgehends in einer fast proportionalen Erhöhung der Assimilationsintensität resultiert".

Übereinstimmend wird betont, daß nicht die absolute Menge der Kohlensäure, sondern die wirksame Konzentration allein die Assimilationsintensität bestimmt. Ist es aber möglich, in der Natur derart Kohlensäure zuzuführen, daß in der die Blätter umgebenden Luft ihr Gehalt steigt, ohne daß eine sofortige Vermengung mit der riesigen Luftmenge über den Blättern stattfindet? Diese Frage ist bejahend zu beantworten, denn die Luft unter den Assimilationsorganen ist fast stets reicher an CO_2 als über ihnen. Das zeigen Versuche von Bornemann (5 S. 48), Lundegårdh (27) und Reinau (37) auf landwirtschaftlich genütztem Boden. Für den Wald hat es ebenfalls Lundegårdh (27 S. 226) nachgewiesen; durch meine nachstehend zu schildernden Versuche wird das bestätigt. Dieser Überschuß im CO_2-Gehalt stammt aus dem Boden. Wenn wir eine Vermehrung der Kohlensäure, die nur in oder auf dem Boden gebildet werden kann, auf irgendeine Weise bewerkstelligen, so bekommen wir also eine Erhöhung der CO_2-Konzentration in der Bestandesluft, die unsere Waldbäume mit verstärkter Assimilation beantworten dürften. Sind wir jedoch berechtigt, auch für die Waldbäume mit Sicherheit eine Zuwachssteigerung durch Kohlensäurezufuhr anzunehmen?

2. Gilt 1. auch für Waldbäume?

Es kann nicht verwunderlich sein, daß wohl alle Kohlensäuredüngungsversuche, im Vegetationsgefäß, im Gewächshaus und im Freien, mit schnellwüchsigen, oft von der Landwirtschaft angebauten Pflanzen ausgeführt wurden. Ein Haferkorn mit einem Gewicht von einigen Milligramm wächst in wenigen Monaten zur voll ausgereiften Pflanze von erheblicher Schwere heran. Hier sind Unterschiede in der Wuchsleistung leichter und schneller festzustellen als z. B. bei einer Kiefer, deren Leistung abschließend erst bei ihrer Hiebsreife, also nach etwa 100 Jahren, beurteilt werden kann.

Die Zuwachssteigerung durch CO_2-Zufuhr ist bei den kurzlebigen Pflanzen festgestellt; man darf daraus wohl schon eine allgemeine botanische Gesetzmäßigkeit durch Analogieschluß ableiten, daß sich auch die Bäume mit assimilierenden grünen Blättern ebenso verhalten. Aber auch Beweise dafür liegen vor. Durch Messung der Assimilationsleistung nicht des ganzen Baumes, sondern von unmittelbar vor dem Versuch abgetrennten Baumteilen, von Zweigen und einzelnen Blättern hat Stålfelt (97) zunächst bei Platanen das gleiche Verhalten bestätigt gefunden. Das gibt der Annahme, daß alle Laubbäume dieser Gesetzmäßigkeit unterliegen, Sicherheit. Am angegebenen Orte und in einer späteren Veröffentlichung (48) berichtet Stålfelt auch über Versuche mit Zweigen und Nadeln der Fichte und der Kiefer. Es ist dabei festgestellt, daß die Nadelbäume bedeutend größere CO_2-Mengen auszubeuten vermögen als die normal in der Atmosphäre vorkommenden. Wachstumssteigerung durch erhöhten CO_2-Gehalt der Luft muß als erwiesen angesehen werden.

Auch die Beeinflussung der Assimilation durch die Lichtstärke entspricht bei Fichte und Kiefer den Ergebnissen aus Lundegårdhs Versuchen und dem Mitscherlichschen Gesetz. Die Assimilationsintensität steigt bei zunehmender Lichtstärke, und zwar anfangs in steiler, dann in flacherer Kurve, ohne selbst bei vollem, schräg einfallendem Mittagslicht ihren höchstmöglichen Wert zu erreichen. In der Ausnutzung des Lichtes für die Assimilatenbildung verhalten sich Licht- und Schattennadeln verschieden. Es ergibt sich folgende fallende Reihe: Kiefernschattennadeln, Kiefernlichtnadeln, Fichtenschattennadeln und Fichtenlichtnadeln. Ebenso sind die älteren, von jüngeren im Lichtgenuß durch ihre Anordnung am Zweige geschädigten Nadeln in der Lage, das ihnen zur Verfügung stehende Licht besser auszunutzen. Die Nadeln der Kiefern bilden, bezogen auf die Gewichtseinheit, einen wirkungsvolleren Assimilationsapparat als die der Fichte. Als Ausgleich könnte man bei der Fichte die große Krone und Nadelmasse und die strengere Lichthaushaltung ansehen.

Als wichtig für das Pflanzenleben ist diejenige Lichtmenge anzusehen, bei der sich Assimilation und Atmung in den grünen Pflanzenteilen die Wage halten, bei der also weder Zuwachs noch Zehren vom gesammelten Assimilatenkapital erfolgt. Bei den meisten Pflanzen sind es sehr niedrige Lichtstärken, bei denen die Blätter ceteris paribus darauf angewiesen sind, von dem unter günstigeren Bedingungen gesammelten Kohlehydratkapital zu zehren. Nach Stålfelt tritt dies bei den Fichten= und den Kiefernnadeln bei normalem (0,03%) CO_2=Gehalt der umgebenden Luft schon bei höheren Lichtstärken ein, als bei den übrigen bisher untersuchten Pflanzen. Die Assimilation wird kleiner als die Atmung, wenn die Lichtmenge von der vollen Lichtstärke nur

1,8%	und weniger bei	Kiefernschattennadeln,
3,0%	„ „	„ Fichtenschattennadeln,
4,0%	„ „	„ Kiefernlichtnadeln,
7,5%	„ „	„ Fichtenlichtnadeln

ausmacht. Dieser Schädigung kann einmal begegnet werden durch Auflockerung zu dichten Bestandesschlusses und zweitens durch Er= höhung des CO_2=Gehalts.

Es kann also als erwiesen angesehen werden, daß sich unsere Waldbäume in bezug auf die mit einer Erhöhung des Kohlensäure= gehalts zusammenhängenden Fragen wie die übrigen Pflanzen ver= halten. Sie werden demnach eine CO_2=Zufuhr mit einer Wachs= tumssteigerung beantworten. Mithin liegt kein Grund vor, daß vor= liegende Arbeit sich noch mit Versuchen zur Klärung solcher rein botanischen Fragen befaßt, um so mehr, als über Versuche mit Waldpflanzen, die im Widerspruch zu den oben angeführten stehen, nichts berichtet ist. Sie wird vielmehr darauf abzielen, die Bildung, die Verteilung und die Ausnutzung der Kohlensäure in der Be= standesluft zu untersuchen.

3. Geräte und Methoden.

1. Methoden anderer und mein erstes Verfahren.

Zu bestimmen ist a) der CO_2=Gehalt in der Luft und b) die CO_2= Abgabe durch den Boden.

1) Das in der Genauigkeit noch immer beste Verfahren ist die v. Pettenkofersche Absorptionsmethode (15, s. auch I S. 10), welche ich auch bei meiner ersten Arbeit verwendet habe. Sie erfordert jedoch eine ziemlich große Apparatur und entnimmt die Luftproben in einer Zeit von etwa 4 Stunden. Deshalb ist sie für Messungen im Walde in größerem Umfang nicht brauchbar.

2) Nach ähnlichem Prinzip, nämlich Absorption der Luft-CO_2 durch Barytwasser, arbeitet ein von Lundegårdh (25, 27 S. 9)

erbauter und beschriebener Apparat, dessen Genauigkeit der bei dem Pettenkoferschen erreichten entsprechen soll. Bei ihm werden 0,9 bis 3,0 Liter Luft über eine Barytlauge in einer Schale hinweg= gesogen, dann in der Barytlösung durch Titration die CO_2=Menge bestimmt. Der Apparat kann im Freien aufgestellt werden, dürfte jedoch nicht ohne Schwierigkeiten zu transportieren sein und er= fordert eine ziemlich lange Dauer der Probeentnahme.

3) Zwei andere Apparate von Lundegårdh (24 und 27 S. 147) beruhen auf volumetrischer Bestimmung der CO_2. Ein bestimmtes Volumen Luft, 10 ccm oder 50—75 ccm, wird mit Kalilauge in Be= rührung gebracht, und die Menge der von dieser gebundenen CO_2 aus der Verminderung im Druck und im Volumen abgelesen. Die beiden Apparate, die verhältnismäßig gut transportabel sind — denn auch darauf kommt es für Waldmessungen an —, sollen mit einer Genauigkeit von wenigstens $\pm 5\%$, auf den CO_2=Gehalt berechnet, d. h. bei $0,03\% \pm 0,0015\%$, arbeiten. Dieser Fehler dürfte das Höchstmaß des zulässigen ausmachen, wenn aus den Ergebnissen ein Schluß auf die Verteilung der CO_2 in der Luft gezogen werden soll.

4) Gleichfalls auf volumetrischem Wege wird mit den zuerst von Pettersson (34) und Sondén (45) beschriebenen und mehr= fach veränderten Apparaten (s. auch 15 S. 289 und 1 S. 609) der CO_2=Gehalt der Luft bestimmt. Dieses Apparats mit Verände= rungen von Reinau habe ich mich auch bedient (s. unten).

Für Messungen im Walde, im bergigen Gelände und in ver= schiedenen Höhen über dem Boden ist keiner dieser Apparate ohne weiteres zu verwenden und genügend handlich. Denn besonders muß erstrebt werden, die Proben in möglichst kurzen Zeitabständen hintereinander zu entnehmen, was ich nach der weiter unten zu beschreibenden Art erreichte.

Für die Messung der Bodenatmung ist außer den im ersten Teil (S. 11, 13, 27) genannten Verfahren ein neues von Romell (40) angewendet worden. Romell verwendet die von Lundegårdh benutzten Blechglocken, unter denen sich die dem Boden entströmende CO_2 ansammelt. Für die Bestimmung des Gehalts der Luft in der Glocke verwendet er den Lundegårdhschen Apparat (s. 2.). An Stelle der aus der Glocke nach 1—3 Stunden abgesogenen 0,9 bis 3,0 Liter Luft läßt er durch eine zweite Röhre in ein unter der Glocke aufgestelltes Becherglas die gleiche Raummenge Wasser gleich=

zeitig einfließen und vermeidet dadurch, daß Luft aus dem Boden herausgesogen wird. Denn andernfalls würde unter der Glocke eine Luftverdünnung entstehen, die nur durch Zuströmen von Luft aus dem Boden ausgeglichen werden könnte. Die Luftprobe wird in einem durch Quecksilber abgeschlossenen Behälter zur Untersuchung ins Laboratorium gebracht. Dies Verfahren erscheint mir recht zweckmäßig und dürfte zu recht brauchbaren Resultaten führen. Nur das Arbeiten mit größeren Mengen Quecksilber im Walde wird nicht gerade angenehm, vielleicht sogar unmöglich sein.

Bei den Untersuchungen in diesem Sommer (1924) habe ich mit einigen Veränderungen das Lundegårdhsche Verfahren benutzt. Ich möchte aber schon an dieser Stelle kurz darauf hinweisen, daß nach meinen Erfahrungen das von mir 1922/23 angewendete als bestes gelten kann. Denn es gestattet wie das von Bornemann (5 S. 73), aus dem es abgeleitet wurde, eine direkte Messung der Boden=atmung, d. h. ohne daß der Gehalt der Luft unter der Glocke und der Gehalt der Luft im Bestande mit zu berücksichtigen sind.

2. Neuer Apparat.

Ursprünglich habe ich mit dem Pettersson=Apparat im Bestande an Ort und Stelle die Luftproben entnommen. Der Apparat er=wies sich jedoch als sehr schlecht transportabel. Auch wenn zwei Personen ihn trugen, ließen sich Stöße bei den schlechten und steilen Wegen in den hiesigen Waldungen nicht vermeiden, die zu einigen Brüchen führten. Zu dem kam, daß die Einwirkung direkter Sonnen=bestrahlung, Schwierigkeiten in der Aufstellung des Apparats und vieles andere, was im Wald mit in Kauf genommen werden mußte, die Fortsetzung der Arbeit in dieser Art im Freien, wie es Reinau z. B. im ebenen Feld hat durchführen können, gänzlich ausschloß. Ich benutzte jetzt folgende Methode, die diese Schwierigkeiten um=geht und manchen anderen Vorteil mitbringt:

Die zu untersuchenden, im Bestande entnommenen Luftproben werden in Glaspipetten von durchschnittlich 150 ccm Inhalt ins Laboratorium gebracht. Die Pipetten bestehen aus einem 14 cm langen und $4^1/_2$ cm dicken Zylinder, an den an beiden Seiten bis zu 20 cm lange, 0,7 cm dicke Glasröhren angeschmolzen sind. Eine dieser wird im Laboratorium zu einer feinen Spitze, die andere etwa 1 cm vom Ende entfernt zu einer Kapillare ausgezogen. Mit dieser Seite und unter Benutzung eines kurzen starken Gummi=

schlauches wird die Pipette auf ein 85 cm langes senkrechtes Glasrohr gesteckt, an dessen unterem Ende ein langer starker, mit Draht
umwickelter Schlauch befestigt ist, der mit einem beweglichen mit
Hahn (d) verschließbaren Quecksilbergefäß in Verbindung steht. Nach
Öffnen dieses Hahnes wird das Quecksilbergefäß so weit gehoben,
daß sich die Pipette mit Quecksilber bis auf die dünne Spitze füllt,
welche mittels einer feinen Gasflamme zugeschmolzen wird. Darauf
wird das Gefäß bis an das untere Ende der senkrechten Glasröhre
gesenkt. Das Quecksilber verläßt die Pipette und bleibt, da der
Druck der Außenluft einer Quecksilbersäule von ca. 75 cm Höhe die
Wage hält, 10 cm unter der Pipette stehen. Die Pipette selbst ist
damit nach dem Gesetz der Toricellischen Leere vollkommen luftleer;
es wird nun auch die untere Kapillare zugeschmolzen.

Um sie mit der zu analysierenden Luft zu füllen, wird im Bestande nach vorsichtigem Anfeilen eine der beiden Spitzen mit den
Fingern oder einer kleinen Zange abgebrochen. Die Pipette füllt
sich dann unter Pfeifen mit Luft. Dabei ist darauf zu achten, daß
nicht durch unnötige Bewegungen unmittelbar vor Entnahme der
Luftprobe ein Aufwirbeln der Luft entsteht. Vor allem muß vermieden werden und ist bei meinen Aufnahmen peinlichst vermieden,
daß durch mein Atmen an CO_2 stark angereicherte Luft aufgefangen
wird. Mit der Stichflamme einer kleinen Spirituslötlampe wird
dann die Spitze geschlossen. Hierbei ist nicht zu befürchten, daß
Flammengase in die Pipette hineinkommen; denn durch die Ausdehnung der inneren Luft bei der Erwärmung entsteht ein Massen-
strom nach außen. Versuche, bei denen die Pipetten nicht zugeschmolzen, sondern durch eine Glaskappe mit Gummidichtung verschlossen wurden, haben dieselben CO_2-Gehalte ergeben, wodurch
der Beweis für einwandfreies Arbeiten geliefert ist. Durch den
völligen Abschluß gegen jegliche Veränderungen geschützt, wird die
Luftprobe ins Laboratorium zur Bestimmung gebracht. Durch Ansetzen von neuen Glasröhren kann, wenn die alten allmählich zu
kurz werden, die Pipette wieder für neue Bestimmungen brauchbar
gemacht werden.

Die Bestimmung des CO_2-Gehalts erfolgt im Laboratorium unter
Benutzung des Pettersson-Sondénschen Apparats, wie er in Abderhalden, Handb. d. biologischen Arbeitsmethoden III S. 609 (s. auch
15 S. 289) beschrieben ist. Die Konstruktion des Apparats ist aus
der schematischen Zeichnung Abb. 8 zu ersehen.

M₁ und M₂ Meßgefäß, einschließlich des Skalenrohrs S₁ und S₂ bis
zur oberen Marke z je 100 ccm;
1 Teilstrich gleich 1/100 000. K₁
und K₂ Orsatsche Kalilaugenge-
fäße. L Libelle (graduiert) mit
Flüssigkeitströpfchen (Petroleum)
für Druckregulierung. Q₁, Q₂ und
Q₃ Quecksilbergefäße, jedes mit
langem Gummischlauch. P Pipette.
b₁ und b₂, c₁ und c₂ und d ein-
fache Glashähne. a₁ und a₂ Drei-
wegehähne, verbinden M₁ und M₂
mit L oder mit e und Außenluft.
e Dreiwegehahn, verbindet a₁ mit
P oder mit Außenluft. W Wassermantel aus starkem Glase. f₁ und
f₂ Gummischläuche mit Schraube
zur Feineinstellung.

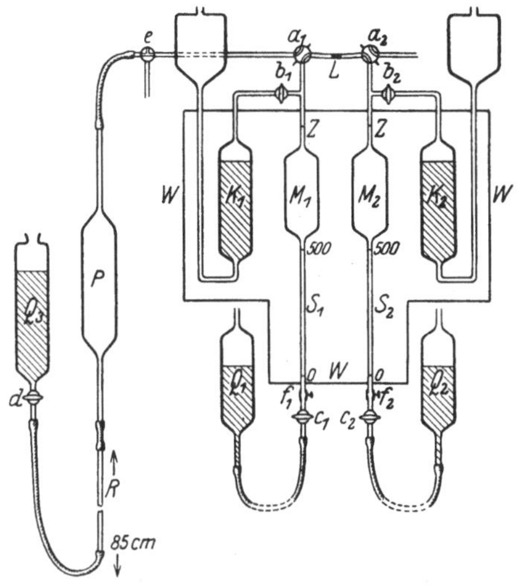

Abb. 8. Pettersson-Sondénscher Apparat.

Das Verfahren beruht
darauf, daß die von P nach
M₁ überführte Luftprobe
von genau 100 ccm, nach-
dem ihr Luftdruck an der
Libelle L abgelesen ist,
durch Quecksilber in das
Kalilaugengefäß K₁ gedrückt wird. Hier wird die CO_2 als Kaliumkarbonat gebunden. Nach dem Zurückholen nach M₁ ist infolge der
Volumverminderung durch den CO_2-Entzug der Druck ein geringerer.
Er kann jedoch wieder ebenso groß gemacht werden wie vorher, wenn
man in das Skalenrohr S₁ etwas Quecksilber eintreten läßt, und zwar
die der entzogenen CO_2 gleiche Raummenge. Durch Ablesung dieser
ist dann ohne weiteres der CO_2-Gehalt der Luftprobe festzustellen.
Über dem Quecksilber in dem Meßgefäß M₁ befindet sich ein Wassertropfen. Dieser bewirkt, daß die Luftprobe sich mit Wasserdampf
ganz sättigt, und verhindert dadurch, daß die Probe aus der Kalilauge Wasserdampf aufnimmt und das Volumen der absorbierten
Kohlensäure infolge des neu aufgenommenen Wasserdampfes zu
klein erscheint.

Das eigentliche Bestimmen des CO_2-Gehalts erfordert folgenden
Arbeitsgang:

Die Röhre R wird ganz mit Quecksilber aus dem Gefäß Q₃ gefüllt, darauf
Hahn d geschlossen. Nachdem eine der Spitzen der Pipette P nach vor-
herigem Anfeilen abgebrochen ist, wird P durch den Gummischlauch auf R
aufgesetzt. Es ist unter der Bedingung, daß die Temperatur im Laboratorium
bei der Bestimmung niedriger ist als an der Probestelle bei der Entnahme,
allerdings möglich, daß etwas Laboratoriumsluft einströmt, und zwar für
je 3° Temperaturdifferenz 1%. Der dabei entstehende Fehler ist jedoch

kleiner. Ist jedoch dagegen, was häufiger der Fall zu sein pflegt, die Temperatur im Laboratorium höher, so strömt ebensoviel Luft aus, was ohne jede Bedeutung ist. Mit einem feinen, durch Kapillarröhren unterbrochenen Schlauch wird eine Verbindung zwischen der oberen Spitze von P und dem Hahn e hergestellt. Nachdem e und a_1 so gestellt sind, daß sie die Außenluft mit M_1 verbinden, wird durch Heben von Q_1 und Öffnen von c_1 M_1 bis zur oberen Marke z mit Quecksilber gefüllt. Dann wird e so gestellt, daß Verbindung zwischen P und a_1 entsteht; b_1 wird geschlossen, ebenfalls c_1.

Hierauf wird Q_1 gesenkt und c_1 so weit geöffnet, daß das Quecksilber in M_1 ganz langsam sinkt. Dann wird die angefeilte obere Spitze von P im Schlauch abgebrochen, wobei keine Außenluft eintreten kann, Q_3 gehoben und d sowie jetzt auch c_1 ganz geöffnet. Man läßt in P und M_1 etwa 30 ccm Quecksilber bzw. Luft eintreten und schließt c_1 und d wieder. Durch Drehung von e wird a_1 mit der Außenluft verbunden und M_1 nach Heben von Q_1 und Öffnen von c_1 wieder bis zur Marke z mit Quecksilber gefüllt, der erste Anteil der aus P eingesogenen Luft samt derjenigen, welche in den Verbindungsröhren enthalten war, also wieder herausgedrückt. Dann verbindet man durch Drehung von e wieder P mit a_1, senkt Q_1 und öffnet d, so daß aus P die Luftprobe in M_1 hinübergedrückt wird. Nachdem P fast ganz mit Quecksilber gefüllt ist, schließt man d, läßt in S_1 das Quecksilber bis etwas unter den Nullpunkt o sinken und schließt c_1. Dann öffnet man vorsichtig b_1 und je nachdem, ob in M_1 Überdruck oder Unterdruck herrscht, was an einem Sinken bzw. Steigen des Kalilaugespiegels in K_1 erkannt wird, stellt man durch Drehung von e Verbindung mit der Außenluft her oder läßt in P noch mehr Quecksilber eintreten und dreht dann erst am Hahn e. Durch Einstellung mit der feinen Schraube f_1 wird der Quecksilberstand in S_1 genau auf den Nullpunkt gebracht.

a_2 wird so gedreht, daß Verbindung zwischen M_2 und der Außenluft entsteht, darauf durch Senken von Q_2 und Feineinstellung durch f_2 ebenfalls in S_2 das Quecksilber auf den Nullstrich gebracht und zuletzt b_2 geöffnet. Darauf werden a_1 und a_2 so gedreht, daß gleichzeitig Verbindung von M_1 und M_2 mit L entsteht. Im Wassermantel wird so lange (1—2 Minuten) gerührt, bis sich das Sperrtröpfchen nicht mehr verschiebt, und sein Stand möglichst genau aufgeschrieben. Jetzt wird a_1 so gedreht, daß M_1 weder mit L noch mit e verbunden ist; nach Öffnen von c_1 und f_1 wird durch Heben von Q_1 M_1 bis zur oberen Marke z mit Quecksilber gefüllt und die Luftprobe in das Kalilaugengefäß K_1 hineingedrückt. Hier wird ihr durch Bildung von Kaliumkarbonat die CO_2 entzogen, das Gesamtvolumen wird also um die Menge der absorbierten CO_2 kleiner.

Nach $1\frac{1}{2}$—2 Minuten wird durch Senken von Q_1 die Luft nach M_2 zurückgeholt. Man stellt das Quecksilber wieder ungefähr auf o und verbindet durch Drehen von a_1 M_1 mit L. Der Tropfen in L wird wegen des in M_1 inzwischen kleiner gewordenen Volumens nach links wandern. Unter beständigem Umrühren im Wassermantel stellt man durch Drehen an f_1 den Tropfen auf den vorher innegehabten und aufgeschriebenen Stand. Wenn er sich nicht mehr verschiebt, liest man an dem Skalenrohr S_1 ab, um wieviel Hunderttausendstel bei gleichbleibendem Druck das Volumen in M_1 durch Entzug von CO_2 kleiner geworden ist. Der Apparat ist dann sofort für die nächste Bestimmung bereit.

Eine nach diesem Verfahren ausgeführte Bestimmung erfordert im Laboratorium etwa 20 Minuten Zeit. Während die Luftprobe zur Absorption der CO_2 sich im Kalilaugengefäß befindet, ist es bequem möglich, eine Pipette zu evakuieren und an einer zweiten die feinen Spitzen auszuziehen. Für Verarbeitung der üblichen Zahl von 20 im Walde an einem Tage aufgenommenen Luftproben mit allem, was zum neuen Fertigmachen notwendig ist (Ausziehen, Evakuieren, Ansetzen neuer Glasröhren an einigen Pipetten), sind in der Regel bei flotter und angestrengter Arbeit 8 Stunden er= forderlich.

Zu diesem Arbeitsgang ist folgendes zu bemerken:

Die Röhre R wird vor dem Aufsetzen von P ganz mit Quecksilber gefüllt, damit möglichst keine Laboratoriumsluft aus der Röhre R in die Pipette hineinkommt.

Das Abbrechen der oberen Spitze erfolgt im Gummischlauch, um das Ver= mischen mit falscher Luft zu verhindern, welches leicht eintreten könnte, wenn bei beiderseits geöffneter Pipette sich durch diese hindurch eine Luftströmung bildet.

Es wird zunächst ein Teil der Luft aus P nach M_1 gedrückt, damit die in den verbindenden Schläuchen, Hähnen und Röhren befindliche Luft durch Ana= lysenluft ersetzt wird und die falsche in die Außenluft hinausgedrängt werden kann.

Beim Hinüberdrücken der Probe von P nach M_1 soll ein geringer Über= druck vorhanden sein; dann ist die Gewähr dafür gegeben, daß nicht durch eine Undichtigkeit der Schlauchverbindungen falsche Luft mit hineinkommt.

Es ist größter Wert auf reichliches Umrühren des Wassermantels gelegt. Infolge des abwechselnden Zusammenpressens und Wiederausdehnens der Luft treten stets im Meßgefäß geringe Temperaturschwankungen auf. Ein Unterschied von nur $^1/_{10}$° zwischen M_1 und M_2 bedeutete schon einen Fehler von rund 30 Hunderttausendstel, also ebensoviel wie der normale CO_2=Gehalt ausmacht.

Wegen der großen Oberfläche, die mit Kalilauge benetzt mit der Luft in Berührung kommt, ist eine Absorptionszeit von 1½—2 Minuten voll aus= reichend.

Es ist wichtig darauf zu achten, daß nicht der Wassertropfen auf dem Quecksilber im Gefäß M_1 abreißt und kleinere Tröpfchen den oberen engen Teil von M_1 oder das Skalenrohr S_1 verschließen. Wegen der Adhäsion an den Röhrenwandungen verschieben sich diese Tröpfchen bei geringen Druck= änderungen sehr schlecht und meist sprungweise, so daß also die Libelle diese Druckänderungen nicht richtig anzeigen kann.

Während im allgemeinen geringe Schwankungen in der Temperatur des Wassermantels ohne Belang sind, da sich die Luft in M_1 und M_2 in gleicher Weise ausdehnt oder zusammenzieht, wirken größere Schwankungen doch schädlich. Ist z. B. das Kühlwasser mehr als 3° kälter als die Außenluft, so erwärmt es sich während der Dauer einer Messung so stark, daß sich infolge der Ausdehnung der Luft der Spiegel der Kalilauge nicht mehr im engen Teil, sondern im weiteren von K_1 und K_2 befindet. Hier liegen aber dann andere Bedingungen in der Adhäsion zwischen Kalilauge und Glaswandung vor, so daß ein ganz anderes Volumenverhältnis sich einstellt. In der gleichen Weise würde auch direkte Sonnenbestrahlung oder Wärmestrahlung durch die Heizquelle des Arbeitsraumes wirken.

Palmquist (23) gibt an, daß der Apparat an sich so genau arbeitet, daß man die mit ihm erhaltenen Werte mit nach dem von Pettenkoferschen Verfahren erhaltenen nicht kontrollieren kann, zumal man zu diesem Verfahren schon mindestens 1—2 l Luft benötigt. Er stellt also die auch von mir angewendete Methode der von Pettenkoferschen ebenbürtig an die Seite.

Um festzustellen, mit welcher Genauigkeit nach dem beschriebenen Arbeitsgang der CO_2-Gehalt zu ermitteln ist, wurden 5mal je 2 Pipetten gleichzeitig gefüllt. Bei durchaus exakter Arbeit ergab sich nur in einem Vergleichspaar Pipetten 0,0425 und 0,0420 Vol.-Proz. CO_2, also ein Unterschied von 0,0005 Vol.-Proz., während die vier anderen genau übereinstimmten. Es ergab sich, daß das Höchstmaß der möglichen Genauigkeit, die abgelesen werden kann, 0,0005 % ist; kleinere Differenzen sind nicht mehr zu erfassen. Deshalb habe ich mich manchmal darauf beschränkt, bis auf drei Stellen nach dem Komma, d. i. in Hunderttausendsteln, meine Werte anzugeben. Im übrigen kann ich wohl sagen, daß sich der Apparat bei den fast 700 Bestimmungen, die ich mit ihm ausgeführt habe, recht bewährt hat.

3. Entnahme der Bodenatmungsproben.

In der Regel wurden im Bestand gleichzeitig die CO_2-Abgabe des Bodens und der CO_2-Gehalt in verschiedenen Luftschichten darüber bestimmt.

Für die Bestimmung der Bodenatmung benutzte ich 1924 ebenfalls den Petersson-Sondénschen Apparat und hielt mich an die von Lundegårdh ausgearbeitete Methode (24), die ich unter Berücksichtigung der I S. 13 geäußerten Bedenken entsprechend abänderte. Eine mit zwei starken Handgriffen versehene Glocke (s. Abb. 9) aus verzinktem Eisenblech von 35,7 cm lichtem Durchmesser, also mit $1/_{10}$ qm Grundfläche, und 21 cm Höhe wurde je nach Art des Bodenüberzugs 5—10 cm tief ohne jede Drehung in den Boden hineingedrückt, wobei ich mit einem flachen Stemmeisen vorsichtig an der Außenseite vorstoßend das Eindringen erleichterte, ohne die Lagerung des Bodens im Innern zu stören. An vier gleichmäßig an der Glocke angebrachten Maßstäben wird abgelesen, wie groß der Luftraum in der Glocke ist. Vorher war die Glocke mehrmals in der Luft herumgeschwenkt, damit sie sich mit Luft aus etwa 1,50 m Höhe füllte. In dem Deckel befinden sich zwei mit Gummistopfen verschlossene Öffnungen, durch deren eine ein Glasrohr mit Glashahn geht. Dieser ist beim Aufsetzen der Glocke geschlossen. Nach genau 20 Minuten seit diesem Zeitpunkt wird auf den Glashahn unter Benutzung eines Gummischlauches eine evakuierte Pipette mit ihrer angefeilten Spitze aufgesetzt, der Hahn geöffnet und dann die Spitze im Gummischlauch abgebrochen.

Dann füllt sich die Pipette mit der durch die Bodenatmung inzwischen an CO_2 angereicherten Luft. Vorher wird aber durch mehrmaliges Zusammendrücken eines durch die zweite Öffnung mit dem Innern der Glocke fest in Verbindung stehenden kleinen Gummiballs, der gegen Eintritt der Außenluft abgedichtet ist, eine wirbelnde Luftbewegung innerhalb der Glocke erzeugt. Dadurch soll verhindert werden, daß sich die schwere Kohlensäure ungleichmäßig in der

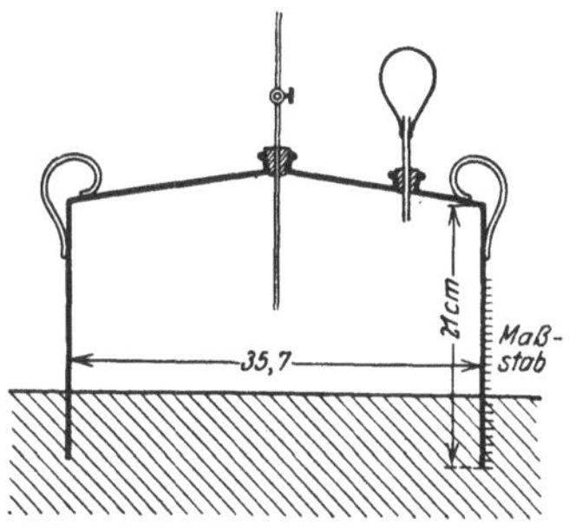

Abb. 9. Bodenatmungsglocke.

Glocke verteilt. Vergleichende Bestimmungen haben nämlich gezeigt, daß ohne Umrühren ein höherer CO_2-Gehalt der Glockenluft gefunden wird als mit Umrühren. Der Fehler wird um so größer, je tiefer die Glocke in den Boden gedrückt wird, je näher also die untere Öffnung des Entnahmerohrs an der Bodenoberfläche ist.

Die Bodenatmung wird nach der von Lundegårdh (27 S. 146) angegebenen Formel $\dfrac{(b-a)\cdot 1{,}858\cdot v\cdot 60}{g\cdot t\cdot 100} = x$ in Gramm je 1 qm und 1 Stunde berechnet. Dabei bedeutet a Gehalt der Luft in Volumenprozent in 1,50 m Höhe, b Endgehalt in der Glocke nach t Minuten, v Rauminhalt der Glocke über dem Boden in Litern und g Grundfläche der Glocke in Quadratmeter; 1,858 g ist das Gewicht von 1 Liter CO_2. Hätte der Gehalt vorher 0,035 % und nach 20 Minuten 0,078 % betragen, so würde bei einem Rauminhalt der Glocke über dem Boden von 17 l Litern die Formel so lauten:

7*

$$x = \frac{(0{,}078 - 0{,}035) \cdot 1{,}858 \cdot 17 \cdot 60}{^1/10 \cdot 20 \cdot 100}$$

$$= \frac{0{,}043 \cdot 1{,}858 \cdot 17 \cdot 3}{10}$$

$$= \text{g CO je 1 qm und 1 Stunde.}$$

Um die nach diesem Verfahren gefundenen Werte leichter mit den nach der alten Methode (I S. 27) ermittelten vergleichen zu können, habe ich den für 1 Stunde ermittelten Wert auch auf 24 Stunden bezogen. In unserem Beispiel würde sich für 24 Stunden eine CO_2-Abgabe von 10,4 g je 1 qm errechnen. Es ist aber nicht statthaft, zu sagen, an dieser Probestelle würden in 24 Stunden 10,4 g CO_2 frei. Denn im Laufe eines Tages schwankt die CO_2-Abgabe recht wesentlich. Das Beziehen auf 24 Stunden hat hier lediglich den Zweck, den Vergleich zwischen den Werten des Jahres 1924 und denen aus den beiden vorhergehenden zu erleichtern (s. auch S. 106).

4. Entnahme der Luftproben.

Um die Luftproben aus verschiedenen Höhen des Bestandes zu entnehmen, war es schwierig, einen geeigneten Weg zu finden. Das als nächstliegend erscheinende Verfahren, in die Bäume zu steigen und dort durch Abbrechen der Spitzen die Pipetten zu füllen, läßt sich nicht durchführen. Man kann nur genügend dicke Bäume besteigen, die den Menschen zu tragen vermögen, so daß alle jüngeren Bestände ausfallen müßten. Ferner kann man nicht bis in die oberste Kronenspitze oder, wie es notwendig ist, noch über diese hinaus gelangen, da die dünnen Zweige nicht tragen. Da der Transport von Leitern mehrere Arbeiter täglich erfordert hätte, zudem Leitern nur bis höchstens 10 oder 12 m Länge zu handhaben sind, käme die Verwendung von Steigeisen, wie sie z. B. von den Telegraphenarbeitern benutzt werden, in Betracht. Diese gewähren aber nur bei bestimmten Durchmessern der Stämme genügenden Halt, so daß nur dünne Bäume und diese nur bis zu einer gewissen Höhe mit Steigeisen erklettert werden können. Dieses Verfahren wurde einmal (s. Versuche 181—195) angewendet; ein geübter Telegraphenbeamter erstieg unter ziemlichen Schwierigkeiten, die besonders durch die trockenen, noch nicht abgeworfenen Äste sich ergaben, einige Stämme. Es zeigte sich nun, daß es nicht möglich war, die Pipetten zu füllen, ohne daß Atemluft mit hineinkam. Das wird also bei allen Besteigungsversuchen der Fall sein.

Zur Vermeidung dieser Übelstände habe ich nun in 1,70 m lange, 3×4 cm im Querschnitt messende Holzlatten englumige Glasröhren mit starken Wandungen eingelassen, die Latten aneinandergeschraubt und die Glasröhren durch Schläuche verbunden. Mit drei solchen Latten, die aneinander geschraubt 4,50 m lang waren, konnte aus 6 m Höhe, wenn sie an einen Stamm angelehnt und so weit gehoben wurden, daß sie auf meiner Brust standen, die Luft mit dem Munde angesaugt werden. Nachdem ich längere Zeit eingesaugt hatte und die Röhren dadurch mit der zu untersuchenden Luft angefüllt waren, wurde der unterste Gummischlauch mit den Fingern abgekniffen und eine Pipette mit der Spitze aufgesetzt. Nach dem Abbrechen der Spitze füllt sich die Pipette, indem immer von oben Luft nachströmt, mit der gewünschten Luft. Dies Verfahren ging ganz gut; leider war es jedoch nicht möglich, in größere Höhe als 6 m zu gelangen. Denn bei mehr als drei 1,70 m-Latten wäre das Ganze zu schwer geworden, so daß zu befürchten war, daß die Latten besonders an den Verschraubungsstellen abgebrochen wären.

Es wurde nun versucht, mit Metallröhren zu arbeiten. Nach einigen unbefriedigenden Versuchen mit verschiedenen Röhrensorten, die teils zu schwer, meist jedoch nicht biegungsfest genug waren, wurde als brauchbar das sog. Peschellrohr gefunden, welches bei elektrischen Anlagen neuerdings häufig verwendet wird. Es ist dies ein durch Falzen von Stahlblech von den Siemens-Schuckert-Werken hergestelltes Rohr, welches bei einem Durchmesser von 12 mm sich als genügend stabil erwies. Von dieser Rohrsorte wurden vom Klempner an 1,5 m lange Stücke von außen 25 cm lange Rohre aus starkem Weißblech angelötet, so daß die einzelnen Stücke stramm hineinpaßten und damit aufeinander gesteckt werden konnten. Acht solcher Rohre wurden beschafft, und die damit erzielte Länge von 12 m stellte das Höchstmaß dar, bei dem sich das Ganze noch nicht zu sehr bog. Ein 13 m langer dünner, recht englumiger Gummischlauch wurde hindurchgezogen und an dem oberen Ende des obersten Rohres befestigt.

Das Aufrichten dieses Röhrensystems im Bestand geschieht in folgender Weise: Die einzelnen Rohre werden, nachdem der Gummischlauch hindurchgezogen ist, dicht an einem Stamm nebeneinandergelegt, und dann wird das erste Rohr aufgerichtet, das zweite daruntergeschoben und so fort, wobei immer das Ganze an den Stamm angelehnt wird. Der Schlauch ist so weit elastisch, daß er bei dem Anheben des jeweils neuen Rohres nachgibt. Wenn die gewünschte Höhe erreicht ist, wird am unteren Ende des Schlauches Luft eingesogen und die Pipette wie oben beschrieben, gefüllt. Beim Auseinandernehmen wird immer ein Rohr nach dem anderen von unten weggezogen. Diese Einrichtung ermöglichte es, wenn sie noch in die Höhe genommen wurde, Luft aus einer Höhe bis zu 14 m zu entnehmen.

Das war schon ein wesentlicher Fortschritt, aber für ältere Bestände genügte auch diese Höhe noch nicht. Es wurden daher in drei Beständen (Reihen II, XII und XVIb, s. auch Anhang: Bestandsbeschreibungen) feste Hochsitze erbaut, von denen der höchste (Reihe II) in einem 31 m hohen Fichtenaltholz 20,5 m über der Erde seine Plattform hat, während die anderen 6,5 und 13 m hoch sind. Die stehenden Bäume wurden dabei möglichst ausgenutzt; die Plattform befand sich stets etwa 10 m unter den Spitzen der Kronen. Für die beiden höheren waren genügend lange Leitern aus einem Stück nicht herzustellen; deshalb wurden Zwischenplattformen erbaut. Alles mußte so solide angefertigt sein, daß für einen schwindelfreien Menschen ein sicheres Arbeiten, ohne daß ein Festhalten am Geländer erforderlich war, ermöglicht wurde. Aus diesen kurzen Angaben mag ersehen werden, daß es sich um recht beachtliche Türme und Kosten handelte. Unter gleichzeitiger Benutzung der 12-m-Röhren auf den Türmen war nun in diesen Beständen eine einwandfreie Probeentnahme in jeder Höhe bis zu 2 m über den Kronen des Bestandes ermöglicht.

Für den Transport der Pipetten und der übrigen Geräte war ein Holzkasten angefertigt, welcher aus zwei gleichen aufklappbaren Teilen bestand, die je 85 cm lang, 55 cm breit und 6 cm hoch waren. Auf jeder Seite wurden zwischen aufklappbaren Leisten 10 Pipetten gelagert, die auf diese Weise sehr sicher mitgeführt werden konnten. In einer Nebenabteilung im Innern des Kastens waren die Nebenapparate, Windmesser, Feuchtigkeitsmesser, Thermometer, Lötlampe, Zange, Feile, Stemmeisen, Glashahn und Gummiball für die Bodenglocke usw., untergebracht.

Gleichzeitig mit jeder Bodenatmungs- und Luftgehaltsbestimmung wurde an Ort und Stelle gemessen:

die Temperatur der Luft im Schatten,

die Temperatur des Bodens in 10 cm Tiefe unter der Ober=
fläche,

die Richtung und Stärke des Windes in Sekundenmetern in
1,5 m Höhe, bei den Türmen auch auf der oberen Plattform,

die Belichtungsstärke nach Vierteln des vollen Sonnenlichts,

die Stärke der Bewölkung nach Vierteln des Himmels, beides
geschätzt,

die relative Feuchtigkeit der Luft in Prozenten.

Der Barometerdruck wurde gütigerweise von Herrn Prof. Roh=
mann im Physikalischen Institut ermittelt und zur Verfügung
gestellt. Die tägliche Niederschlagsmenge wurde im Garten der
Oberförsterei Gahrenberg mit dem dortigen Instrument der me=
teorologischen Anstalt gemessen. Die Angaben über die Tem=
peraturen während der ganzen Versuchszeit verdanke ich dem
Meteorologischen Institut der Universität Göttingen (Entfernung
rund 25 km).

5. Nachprüfung meiner Methoden und Vergleich mit denen anderer und meinem alten Verfahren.

Ich habe mich in diesem Jahre der Lundegårdhschen Methode
bedient, trotz meiner gegen sie geäußerten Bedenken (I S. 13). Sie
bietet zweifellos gegenüber der von mir empfohlenen Bornemann=
Meineckeschen Arbeitsweise gewisse Vorteile. Sie gestattet, mit den
gleichen Apparaten wie bei den Luftproben=Untersuchungen zu
arbeiten, und ermöglicht es, die Bodenatmung für eine kürzere Zeit,
für die die Witterungsbedingungen genau festzulegen sind, zu be=
stimmen. Dieser Vorteile wegen habe ich die als bedenklich bezeich=
neten Punkte zum Teil mit in Kauf genommen, zum Teil durch
Änderung ausgeschaltet oder vermindert.

Aus den Zahlen Lundegårdhs (24 und 27 S. 149) ergibt sich,
daß die Menge der vom Boden abgegebenen CO_2, welche sich unter
der Glocke in der Zeiteinheit ansammelt, bei längerer Bemessung
der Versuchsdauer allmählich geringer wird. Diese Erscheinung er=
klärt sich leicht: Der CO_2=Gehalt der Luft unter der Glocke steigt
über den CO_2=Gehalt der untersten, dem Boden unmittelbar auf=
lagernden Luftschicht, weil die infolge der Diffusion ausströmende
CO_2 sich nicht mehr in einer größeren Luftmenge verteilen kann.
Dadurch wird das CO_2=Partialdruckgefälle, Bodenluft zu unterster
Luftschicht, verringert; in dem gleichen Maße muß also auch die

Ausströmungsgeschwindigkeit abnehmen. Diese Erscheinung muß man berücksichtigen bei der Wahl der zeitlichen Dauer, während der die Glocke in den Boden gedrückt sein soll und nach der die inzwischen erfolgte Anreicherung an CO_2 bestimmt werden soll. Lundegårdh hat sich zunächst für 40 Minuten entschieden, später jedoch die Zeit auf 20 Minuten beschränkt. Da bei meiner Apparatur das Volumen der Luft unter der Glocke zwischen 20 und 12 l schwankt, meist 16—18 l beträgt, also wesentlich größer ist als bei Lundegårdhs Versuchsanstellung, hielt ich eine Nachprüfung für geboten.

Im Mündener Botanischen Garten drückte ich am 30. 6. an einer von Berberitzensträuchern und darüber stehenden alten Bäumen nahezu ganz beschatteten Stelle, an der der nackte Boden nur mit vereinzelten abgefallenen Blättern und spärlichen, bis zu 5 cm hohen grünen Pflanzen bedeckt war, meine Glocke ein. Die Lufttemperatur betrug 21,5°, die Bodentemperatur 15° C; heller Sonnenschein bei geringer Bedeckung des Himmels. Der Gehalt der freien Luft an CO_2 0,02 m über dem Boden betrug 0,042 Vol.-Proz., der Luft in 1,50 m Höhe, mit welcher die Glocke durch Umschwenken vor dem Einsetzen gefüllt war, 0,032 Vol.-Proz. Das Volumen der Luft unter der Glocke betrug 17 l. Nach jeder Probeentnahme stelle ich für wenige Sekunden Verbindung mit der Außenluft her und verschloß den Glashahn wieder. Dabei strömte, bis in der Glocke der gleiche Luftdruck wie außen herrschte, so viel Luft ein, wie die Pipette faßt, also etwa 150 ccm. Das ist ca. 0,8% des Volumens; der Fehler ist so klein, daß er vernachlässigt werden darf. Ohne diese Maßnahme wäre die gleiche Menge Bodenluft angesogen worden, was bei dem hohen CO_2-Gehalt zu einem, wenn auch nur unwesentlich, größeren Fehler geführt hätte.

Vor dem Versuch				0,032% in 1,50 m Höhe.		
Nach 20 Minuten CO_2-Gehalt von 0,088%					d. i. durchschn. Zunahme je 10 Minuten von	0,028%
„ 40	„	„	„	„	0,142%	0,0275%
„ 60	„	„	„	„	0,183%	0,025%
„ 90	„	„	„	„	0,229%	0,022%
„ 150	„	„	„	„	0,331%	0,020%

Eine Wiederholung bei Lufttemperatur 19,5°, Bodentemperatur 15° C und bedecktem Himmel am folgenden Tage, Luftvolumen unter der Glocke = 18 l, ergab folgendes:

Vor dem Versuch 0,035% in 1,50 m Höhe.
Nach 20 Minuten CO_2-Gehalt von 0,076%   d. i. durchschn. Zunahme je
                                            10 Minuten von
                                            0,0205%
„ 30 „ „ „ „ 0,096%   0,0203%
„ 40 „ „ „ „ 0,114%   0,0198%
„ 60 „ „ „ „ 0,152%   0,0195%

Bei der ersten Reihe errechnet sich eine CO_2-Abgabe je 1 qm und 1 Stunde, wenn man den

nach 20 Minuten erhaltenen Wert zugrunde legt, von 0,564 g,
„ 60   „   „   „   „   „   „   „ 0,507 g

Bei der zweiten Reihe sind die entsprechenden Werte 0,438 und 0,416 g; die Differenz ist hier verhältnismäßig kleiner. Man ersieht aus den Zahlen, daß die Verminderung der CO_2-Abgabe wesentlich zu werden beginnt, sobald der Gehalt unter der Glocke etwa 0,150% überschreitet.

Es sei auch auf die mit der hier angeführten ersten Versuchsreihe sehr gut übereinstimmenden beiden Versuche mit der Tonne in der ersten Arbeit (I S. 33) hingewiesen. Drückt man statt der Angaben nach Milligramm

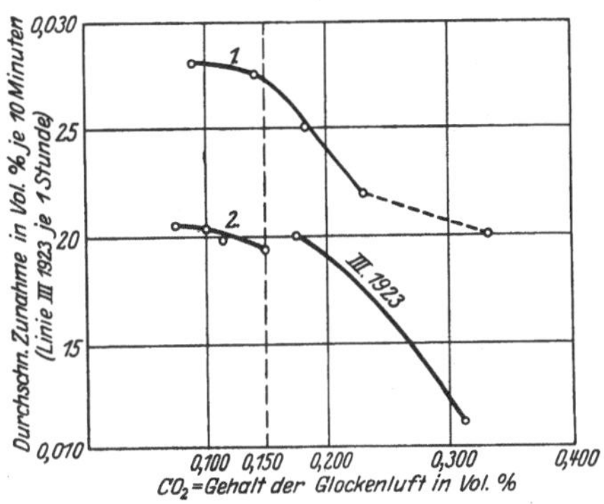

Abb. 10. Verminderung der Ausströmungsgeschwindigkeit der Bodenkohlensäure.

CO_2 im Liter die Zahlen in Volumenprozent aus, so ergibt sich bei dem ersten Versuch eine Zunahme von 0,045% auf 0,312%, also um 0,267% in 24 Stunden, und bei dem zweiten Versuch eine Zunahme von 0,053% auf 0,174%, also um 0,121% in 6 Stunden. Auch hier wurde ein starkes Nachlassen der Ausströmungsgeschwindigkeit bei höherem CO_2-Gehalt festgestellt, und zwar so weitgehend, daß in 6 Stunden schon fast die Hälfte der in 24 Stunden gefundenen CO_2-Menge abgegeben wurde (vgl. Abb. 10).

Aus der Zeichnung ergibt sich, daß die Linien für die Versuche 1 und 2 anfangs durchaus parallel verlaufen und nur wenig fallen, daß aber bei etwa 150/100000 ein stärkeres Fallen eintritt. Die Linie für den Tonnenversuch (1923) scheint fast eine Fortsetzung der Linie für Versuch 1 zu sein. Dadurch ist eine Bestätigung für die Gleichmäßigkeit des Linienverlaufs gegeben.

Ich zog daraus den Schluß, daß als die günstigste Versuchsdauer mit Lundegårdh die Zeit von 20 Minuten anzusehen ist. Bei dieser Dauer ist nicht zu befürchten, daß der Gehalt in der Glocke 0,150% übersteigt und daß dadurch bedingt zu geringe Werte gefunden werden.

Um festzustellen, wie sich die Ergebnisse des neuen Verfahrens zu denen des alten verhalten, führte ich Parallelbestimmungen aus. Auf der Probefläche 12 (s. Anhang, Tab. 24, Abb. 17) setzte ich am 6. 8. 12 Uhr mittags in einiger Entfernung voneinander 2 Versuche nach dem alten Verfahren an und unterbrach sie nach genau 24 Stunden. Sie gaben für 24 Stunden eine Bodenatmung je 1 qm von 14,8 und 12,0 g CO_2, im Mittel 13,4 g CO_2. Dicht neben diesen Apparaten führte ich 5 Versuche nach dem neuen Verfahren, und zwar am 6. 8. um 11,30 Uhr mittags, 5 und 9 Uhr abends und am 7. 8. morgens um 5,30 und 9 Uhr durch. Es fanden sich folgende CO_2-Mengen, bezogen auf 24 Stunden und 1 qm:

<pre>
6. 8. 11,30 Uhr mittags 12,2 ⎫
6. 8. 5,00   „   abends   8,0 ⎪ als Mittel 11,1 g CO₂
6. 8. 9,00   „   „   9,3 ⎬ je 1 qm und 24 Stunden
7. 8. 5,30   „   morgens 8,5 ⎪
7. 8. 9,00   „   „   17,6 ⎭
</pre>

Über die großen Schwankungen während des Tages wird später (S. 110) gesprochen; die Witterungsbedingungen sind aus der Tafel 24, Versuchsnr. 281—299 zu ersehen.

Es verhalten sich also die Werte nach dem alten Verfahren zu denen nach dem neuen wie 100 : 83. Nimmt man an, daß nach dem neuen Verfahren zur Zeit des Abbrechens der Kalilaugeversuche, also bei höherer Luft- und Bodentemperatur, nur der gleiche Wert wie um 9 Uhr gefunden wäre, so würde sich der Durchschnitt auf 91% erhöhen. Es ergibt sich also, wie aus der theoretischen Erwägung, daß die Kalilauge eine geringe Saugwirkung auf die Bodenkohlensäure ausübt, schon vermutet wurde (vgl. I S. 30), daß die Zahlen nach dem ersten Verfahren etwas zu hoch sind. Die Annahme, daß die Zahlen $^{11}/_{10}$ des wahren Wertes angeben würden, ist durch den Versuch in überraschender Weise genau bestätigt. Für alle Berechnungen nach dem ersten Verfahren sind also 10% abzustreichen.

Um die CO_2-Abgabe verschiedener Probeflächen miteinander vergleichen zu können, ist es erforderlich, daß auf ihnen gleichzeitig und
damit unter den gleichen Witterungsbedingungen die Messungen
gemacht werden. Ferner ist der Vergleich mehrerer nicht gleichzeitiger Messungen über den Umweg einer fortlaufend untersuchten
Standardreihe (I S. 31) möglich. Bei dem neuen Verfahren, bei
dem es technisch fast unausführbar ist, genau gleichzeitige Messungen
vorzunehmen, stellen sich erhebliche Ungenauigkeiten ein. Ich konnte
die Messungen nur mit geringen Abständen hintereinander anstellen.
Für jeden Vergleich wird das Verhältnis um so mehr dadurch
beeinflußt sein, je länger die am selben Tage ausgeführten Ver-
gleichsbestimmungen auseinander liegen und je mehr sich inzwischen
die Witterung geändert hat.

Außerdem wird in dem einen Bestand, etwa infolge von Osthang,
die Erwärmung des Bodens und somit die CO_2-Abgabe am Morgen
größer sein, während sie in dem Vergleichsbestand, vielleicht wegen
eines Westhangs, am Nachmittag ihre höchsten Werte erreicht. Bei
den Versuchen nach dem neuen Verfahren mit ihrer kurzen Dauer
werden auch daraus sich größere Fehler ergeben können. Ich habe
ihnen dadurch etwas zu entgehen gesucht, daß ich zu verschiedenen
Tageszeiten die Bestimmungen vornahm und dann Durchschnitts-
werte bildete (s. Tab. 15).

Diese Schwierigkeiten treten bei dem ersten Kalilaugeverfahren
nicht auf, und deshalb ist es für den Vergleich verschiedener Probeflächen nach ihrer CO_2-Produktion dem Lundegårdhschen erheblich
überlegen. Bei den Versuchen des Jahres 1924 habe ich jedoch
das vorstehend beschriebene Lundegårdhsche Verfahren angewendet.

Als Standardbestand habe ich den unter XII (Anhang S. 155)
beschriebenen Bestand gewählt. Er ist ziemlich gleichmäßig, liegt
räumlich günstig zu den übrigen Probeflächen, ist weder ausgesprochen Alt- noch Jungholz und besitzt augenscheinlich einen recht
guten Bodenzustand.

4. Bodenatmung.

1. Romell, Lundegårdh.

Betreffs des Ursprungs der Kohlensäure, die dem Boden ent-
strömt, habe ich schon (I S. 8) ausgeführt, daß drei Quellen dafür
vorhanden sind, nämlich Zersetzungen im Erdinnern in großer Tiefe,

Wurzelatmung, und als wichtigste die Zersetzung der Streu, auf die allein Wirtschaftsmaßnahmen des Menschen Einfluß ausüben können. In welchem Verhältnis diese drei Quellen an der Gesamtmenge ausströmender CO_2 beteiligt sind, läßt sich ohne weitere Messungen mit Bestimmtheit nicht sagen. Wenn man annimmt, daß die gesamte ausströmende CO_2 von den Blättern assimiliert wird und daß weder eine Ansammlung noch eine Aufzehrung des ursprünglichen Humus- und Streuvorrats eines Bestandes im Laufe einer Umtriebszeit erfolgt, so befindet sich die aus den letzten beiden Quellen stammende CO_2 in einem ständigen Kreislauf. Als Baustoff für dasjenige Holz, welches gehauen und aus dem Walde entführt wird, wäre dann nach der Bilanz für die Umtriebszeit diejenige CO_2 anzusehen, die aus dem Erdinnern kommt. Das sind schätzungsweise 40 % (f. S. 122). Dieser Annahme mögen theoretische Erwägungen entgegenstehen, denen von anderer Seite, besonders von den dafür zuständigen Geologen, nachgegangen werden mag. So wünschenswert an sich eine Klärung auch sein mag, für die vorliegende forstliche Arbeit genügt die Feststellung, da Versuche von anderen und mir, die nach verschiedenen Verfahren und zu verschiedenen Zeiten besonders auch in der Landwirtschaft gemacht sind, übereinstimmen, daß in der Versuchsanstellung keine Fehler liegen können, und daß tatsächlich Kohlensäure in den angegebenen Mengen aus dem Boden in die Bestandesluft übergeht.

Romell (40) hat in umfangreichen Versuchen gezeigt, daß es praktisch allein die Diffusion sein kann, welche den Gasaustausch im Boden und damit auch das Ausströmen der Kohlensäure nach oben bewirkt. Er hat klargelegt, daß die in der sich widersprechenden Literatur auch als Ursachen dafür genannten Faktoren, nämlich Temperaturschwankungen, Luftdruckänderungen, Einsickern des Wassers und Windwirkungen, nicht in Betracht kommen können. Wichtig für eine große Menge ausgeatmeter Kohlensäure ist eine hohe Aktivität der Kleinlebewelt und eine gute Aktivitätsverteilung im Boden sowie ein möglichst großes luftgefülltes Porenvolumen in der obersten Bodenschicht. Die Geschwindigkeit der Diffusion ist von der Korngröße ziemlich wenig beeinflußt, falls nicht etwa eine Schicht kompakten Lehms oder Tons vorliegt. Dagegen setzt eine Verstopfung der Poren die Durchlüftung sehr stark herab. Bei Romells Untersuchungen in verschiedenen Waldböden hat sich ergeben, daß Unterschiede im CO_2-Gehalt in der Bodenluft, die durch eine größere oder geringere Diffusionsgeschwindigkeit entstehen, sich einfach und einheitlich durch den verschiedenen Wassergehalt zur Zeit der Probeentnahme erklären. Alle Waldböden, mit Ausnahme der versumpften oder versumpfenden Rohhumusböden und der Böden mit Humusortstein, hatten fast durchweg eine sehr gute Durchlüftung. Deshalb kann nach Romell mangelhafte Wuchsleistung eines Bestandes auch bei Rohhumusablagerung nicht durch ungenügende Durchlüftung begründet werden. Diese Feststellung steht im Widerspruch mit der herrschenden Vorstellung über den Zustand von Rohhumusböden; aber da Romell zahlenmäßige Belege anführt, wird man seiner Ansicht so lange folgen müssen, wie nicht von anderer Seite ebenso sicher und überzeugend das Gegenteil nachgewiesen ist.

Romell berichtet nur über vier Messungen der Menge der vom Boden abgegebenen CO_2, welche nach dem oben geschilderten (S. 92) Verfahren in Buchenwald mit Oxalis, auf der Probefläche nur totes Laub, ausgeführt wurden. Zeit 29. 6. bis 2. 7., nachmittags; Lufttemperaturen 13,7—17° C, Mengen der ausgeatmeten CO_2 je 1 qm und 24 Stunden 5,9, 3,5, 4,5 und 3,4 g.

Die angegebenen Werte Romells sind auffallend niedrig und ganz wesentlich niedriger als die, welche sein Landsmann Lundegårdh (27 S. 181) den schon früher (26 S. 68, s. auch I S. 17) mitgeteilten hinzufügt. Er fand im echten Mullboden am 1. 10. 1921 Werte der CO_2-Produktion von 2,34—0,72 g je 1 qm und 1 Stunde, entsprechend 46,2—17,3 g in 24 Stunden. Ein Rohhumusboden entwickelte in 1 Stunde nur 0,33 g, entsprechend in 24 Stunden 7,9 g. Für denselben Boden, dessen CO_2-Produktion im Sommer 0,4 g je 1 qm und 1 Stunde betrug, ermittelte er am 1. 4. nur Werte von 0,025—0,08 g, also nur $^1/_{16}$ bis $^1/_5$ der sommerlichen.

Sehr viel Neues ist also in der Zwischenzeit betreffs der Atmung der Waldböden nicht bekannt geworden, und die von den beiden schwedischen Forschern genannten Zahlen liegen sehr extrem niedrig oder hoch, so daß sie eher geeignet sind, eine klare Vorstellung von der Größe der vom Boden abgegebenen CO_2-Mengen zu erschweren. Bei meinen weit umfangreicheren Bestimmungen der Jahre 1922/23 war ich zu einem täglichen Durchschnitt von etwa 10 g gekommen.

2. Ergebnisse meiner neuen Versuche.

a) Tägliche Schwankungen. Die Untersuchungen des Jahres 1924 ergaben, daß nicht nur im Laufe von Monaten und Tagen sich die Mengen der vom Boden abgegebenen CO_2 ändern, sondern auch im Laufe eines einzelnen Tages fanden sich ziemlich große Unterschiede. Als Beispiel dafür können die Bestimmungen 196, 199, 210 und 216 sowie 281, 285, 289, 294 und 297 (Tab. 24) dienen. Aus der dazugehörigen Kurve (Abb. 17) geht hervor, daß am 15. und 16. 7. die CO_2-Kurven den Temperaturkurven durchaus entsprechend verlaufen. Die höchsten Werte finden sich zu den Zeiten der höchsten Boden- und Lufttemperatur, der niedrigste Wert frühmorgens zur Zeit der niedrigsten Temperaturen. Der höchste Wert beträgt mehr als das Doppelte des niedrigsten.

Nicht ganz so einfach liegen die Verhältnisse am 6. und 7. 8. Mit Ausnahme der Bestimmung 5 Uhr nachmittags folgt die Kurve etwa den Kurven der Luft- und Bodentemperaturen. Der Nachmittagswert dürfte auf einer Austrocknung der Bodendecke während des heißen, sehr sonnigen Tages beruhen. Abends taute es stark; infolge der hierdurch bewirkten neuen Durchfeuchtung stieg bei gleichbleibender Boden- und trotz niedrigerer Lufttemperatur die CO_2-Entwicklung etwas. Wohl noch infolge des günstigen Einflusses des in der Nacht abgesetzten Taues erhebt sich der Wert von morgens 9 Uhr bei geringerer Luft- und Bodenwärme über den der Messung um 11,30 Uhr des Vortages. Von den innerhalb von 24 Stunden gefundenen Zahlen beträgt die höchste 220% der niedrigsten.

Am 29. 7. wurde nach einem trüben Tage 4,30 Uhr nachmittags eine CO_2-Abgabe von 0,26 g je 1 qm und 1 Stunde gleich 6,3 g in 24 Stunden ermittelt. Bald darauf setzte ein einstündiger sehr starker Platzregen ein, an den sich ein schwacher Regen anschloß. Während des schwachen Regens wurde um 7,20 Uhr abends eine neue Bestimmung gemacht und jetzt eine CO_2-Produktion von 0,217 g je 1 Stunde, gleich 5,2 g in 24 Stunden festgestellt. Für die Herabsetzung kann einmal das Sinken der Wärme in den obersten Zentimetern der Bodendecke durch das kühle Regenwasser schuld sein; wahrscheinlicher ist aber, daß durch die großen Wassermengen eine zeitweise Behinderung der Durchlüftung des Bodens eingetreten ist.

Es ist aus diesen Beispielen zu ersehen, welchen zufälligen Ungenauigkeiten die vergleichenden Bestimmungsmethoden ausgesetzt sind, welche mit Versuchsdauern unter 24 Stunden oder gar nur von einigen Minuten arbeiten.

b) Schwankungen während der Vegetationszeit. Aus der Tab. 24 ergibt sich im Standardbestand ein Durchschnitt aller Bodenatmungsmessungen während der Vegetationszeit von 9,9 g täglich. Aus der Tab. 15 kann errechnet werden, daß der Durchschnitt aller Flächen bezüglich ihrer CO_2-Produktion bei 98% von XII, also bei 9,7 g CO_2 täglich oder 0,4 g je 1 Stunde liegt. Diese Zahlen entsprechen durchaus denen meiner Untersuchungen 1922 und 1923. Man wird also gut tun, sich als rohe Merkzahlen für das Gedächtnis einzuprägen:

Durchschnittliche tägliche CO_2-Abgabe im Wald . . 10 g,
         " stündliche   "   "   " . . 0,4 g
(vgl. hierzu S. 126: Durchschnittlicher CO_2-Gehalt der Waldluft 0,04%).

Im Laufe der Vegetationszeit treten recht erhebliche Schwankungen ein, worauf schon in meiner ersten Arbeit (I S. 69) hingewiesen wurde und was auch von Lundegårdh (s. oben S. 109) zahlenmäßig belegt wurde. Aus diesen und aus meinen Ollsener Untersuchungen (1923, Beginn Mitte April, Abb. 4) geht hervor, daß vom Frühjahr zum Sommer ein allgemeines Ansteigen der CO_2-Entwicklung stattfindet. Auch bei den Versuchen in diesem Jahr (1924, Beginn Ende Mai), soweit sie während der hellen Stunden des Tages vorgenommen wurden, läßt sich eine steigende Tendenz bis etwa zum Juli hin beobachten. Von Mitte August ab nehmen die gefundenen Mengen der Bodenatmung im allgemeinen ab. Diese ganze Entwicklung steht sicher hauptsächlich im Zusammenhang mit dem Verlauf der Wärmekurve (vgl. Abb. 14—17).

Für den einzelnen Bestand kann dazu im Gegensatz oft eine andere Entwicklung vorliegen. Aus der Zusammenstellung (Tab. 15) der an gleichen Tagen angestellten Bodenprobeentnahmen ergibt sich, daß sich das Verhältnis einer Fläche zur Standardfläche im Laufe des Jahres verschiebt. Für die Fläche III ist das Verhältnis am 23. 6. so niedrig, weil unter dem dichten Schirm des Fichtenjungwuchses der übermäßig starke Regen vom 19. und 20. 6., wohl infolge einer Verstopfung der Bodenporen mit Wasser, noch mehr in ungünstigem Sinne nachwirkt als auf der Vergleichsfläche. Dagegen ist das Verhältnis am 2. 6. und 10. 6. ziemlich hoch, weil an diesen Tagen nach längeren Dürrezeiten die Streudecke verhältnismäßig gut feucht erhalten war.

Die Versuchsfläche V zeigt ein dauerndes Fallen der Prozentzahlen; in diesem Bestand geht also der Hauptteil der Zersetzung in der ersten Zeit des Sommers vor sich. Infolge des ziemlich lockeren Kronenschlusses erwärmt sich der Boden leicht (vgl. die Bestimmungen vom 23. 6.), die vorhandene Menge oxydierbarer Substanz, also die im letzten Herbst gefallene Streu, wird schnell in CO_2 überführt, und gegen Sommerende ist nur noch wenig davon vorhanden.

Auf der Fläche VIII ergibt sich ein ständiges Ansteigen der Werte. Die niedrigen Anfangswerte werden dadurch bedingt sein, daß in dem lichten Buchenaltholz infolge von Laubverwehung verhältnismäßig wenig zersetzbare Stoffe am Boden vorhanden sind. Im Laufe der Zeit finden sich, wie nach dem Aussehen der Bodendecke und dem lichten Bestandesschluß vermutet werden kann, weit höhere relative Werte, da auf der Vergleichsfläche der Hauptteil der Streu inzwischen zersetzt ist.

Für den Vergleich zweier Flächen nach ihrer CO_2-Produktion ist es also von Wichtigkeit, daß sich die Messungen über die ganze Vegetationszeit erstrecken. Nur dann können unbedenklich Durchschnittszahlen gebildet werden.

So hätten z. B. meine Untersuchungen in Bärenthoren aus dem letzten Jahre zu falschen Schlüssen führen können. Es war schon (S. 69) gesagt worden, daß bei dem im August 1923 angestellten Untersuchungen in der Güte des Bestandes und seiner Bodendecke und in der Menge der abgegebenen Kohlensäure keine Übereinstimmung zu bestehen scheint. Zugleich war die Vermutung ausgesprochen, daß in den gepflegten Beständen mit guter Bodendecke früher im Jahre, also zu einer Zeit, in der die Bäume den Hauptzuwachs und dadurch wohl den größten CO_2-Verbrauch haben, die abgegebene CO_2-Menge größer ist. Es war mir in diesem Jahre möglich, Mitte Juli und mit dem neuen Verfahren die Mehrzahl der Bärenthorener Probeflächen nachzuprüfen. Dabei ergab sich folgende, nach der CO_2-Menge geordnete Reihe (s. Tab. 11).

Tabelle 11. Bärenthoren. 1924.

| Reihe | Zeit | Tempe-ratur | | Wind | | Sonne | Bewölkung | Feuchte | $Vol.-\% CO_2$ in 1,5 m | Boden-atmung g CO_2 je 1 qm in | | Ver-hältnis | |
		Luft °C	Bo-den °C	Richtung	Stärke m/sec					1 Stb.	24 St.	1924	1923
	19. 7. 24												
IV N	$12^{56}- 1^{16}$	16	14,5	W	0,7	0	4	65	0,037	0,50	12,0	146	145
M	$3^{13}- 3^{33}$	16	15,5	W	0,7	4	2	65	0,037	0,43	10,3	125	93
P	$10^{34}-10^{51}$	12,5	14,5	W	0,2	0	4	84	0,033	0,38	9,2	112	145
E	$2^{20}- 2^{40}$	16	15,5	W	1,0	4	2	65	0,028	0,34	8,3	101	114
A–C	$1^{24}- 1^{44}$	16	15,5	W	1,0	3	3	65	0,047	0,34	8,2	**100**	**100**
Standard													
D	$1^{49}- 2^{09}$	16	15,5	W	1,0	3	3	65	0,047	0,27	6,4	78	93
J	$11^{56}-12^{16}$	14	14,5	W	0,8	0	4	86	0,038	0,27	6,4	78	129
F	$2^{42}- 3^{02}$	16	15,5	W	1,0	4	2	65	0,028	0,24	5,7	71	120
K	$11^{20}-11^{40}$	13	14	W	0,8	0	4	88	0,046	0,18	4,3	53	105

N. Kiefernjungwuchs unter Altholz, hoher Schafschwingel.

M. Sehr gutes 40jähriges Kiefernstangenholz, gut zersetzte Nadeln und viel Hypnum.

P. Kiefernjungwuchs unter Altholz, Absterben der Heide und viel Moos.

E. 66jährige Kiefern, licht gestellt, Kiefernnadeln in günstiger Zersetzung.

A—C. 70jährige lichte Kiefern, Zerbster Stadtforst, bis vor wenigen Jahren Streunutzung.

D. Vergleichsfläche zu A—C, neben dieser, 72jährige licht ge- stellte Kiefern, gute Zersetzung, Nadeln und Hypnum; Anflug.

J. 58jähriges geringes Kiefernstangenholz, schwacher Boden- überzug mit Renntierflechte und Hypnum.

F. Vergleichsfläche zu E in der Zerbster Stadtforst, bis vor wenigen Jahren Streunutzung.

K. Sehr geringes 65jähriges Kiefernstangenholz, Renntier- flechte; schlechteste Stelle des Reviers.

Man ersieht aus der Nebeneinanderstellung (Tab. 11 letzte Spalte) der Verhältniszahlen dieses und des vergangenen Jahres, daß tat- sächlich zu anderer Jahreszeit eine wesentliche Verschiebung ein- getreten ist. Am auffallendsten ist dies bei den Reihen IV E und F, den beiden aus der Literatur bekannten Vergleichsbeständen, zwei

gleichaltrigen Kiefernbeständen, von denen der erstere auf Bären=
thorener Gebiet gelegen, seit langem nach der v. Kalitschschen
Methode behandelt ist, während der zweite, welcher unmittelbar
anstößt, zur Zerbster Stadtforst gehört und nach der alten Art
bewirtschaftet wurde. Jetzt ist die CO_2=Abgabe in IV E um rund
40% höher als in IV F, während sie im Vorjahre um 5% zu=
gunsten des schlechten Zerbster Bestandes differierte. Die Erklärung
dürfte darin zu suchen sein, daß die Umsetzungsgeschwindigkeit der
Streu in CO_2 auf Bärenthorener Gebiet infolge der dort für die
Kleinlebewesen künstlich geschaffenen besonders günstigen Bedin=
gungen eine ziemlich große ist. Das bewirkt, daß im Spätsommer
eine relativ kleinere Menge an zersetzbarer organischer Substanz vor=
handen ist als auf dem Boden der ungepflegten Vergleichsfläche der
Stadtforst. Von den beiden andern Vergleichsflächen IV A—C und
IV D, von denen die erste im Zerbster Stadtwald liegt, aber auch nach
v. Kalitschschem Verfahren mit Reisigdüngung seit einigen Jahren
behandelt wird und seitdem wesentlich veränderten Bodenzustand
zeigt, schneidet die Bärenthorener allerdings wieder schlechter ab.

Bei den Flächen mit höchster CO_2=Produktion IV N, M und P
wird der Bodenzustand von Herrn v. Kalitsch stets als besonders
günstig beurteilt. Hier fällt der Unterschied bei IV M zwischen den
beiden Jahren auf; der diesjährige Wert entspricht den Erwartungen.
Die schlechteste Stelle des Reviers, IV K, die im Vorjahre über
der Standardfläche stand, zeigt jetzt den niedrigsten Wert. Auch
die Fläche IV J, deren Bodenzustand keinen günstigen Eindruck
macht, hat jetzt eine viel geringere CO_2=Abgabe.

Die Zusammenstellung der Ergebnisse aus 1923 und 1924 be=
stätigt den schon mehrfach angeführten Gedankengang: Die CO_2=
Abgabe steigt und fällt tatsächlich entsprechend mit der Güte des
Zustandes der Bodendecke und der Bodenoberschicht und mit der
Güte des Bestandes. Sie kann jedoch im Spätsommer auf den
Flächen, welche im Frühjahr und Sommer große Umsetzungs=
geschwindigkeit haben, unter Umständen kleiner sein, nämlich dann,
wenn infolge der raschen Oxydation die Menge zersetzbarer orga=
nischer Substanz relativ klein geworden ist. Da die Assimilation
nicht entsprechend der absoluten Gesamtmenge vorhandener CO_2,
sondern entsprechend der Konzentration der jeweils verfügbaren
CO_2 steigt (29 und 5 S. 18), dürften die größten Mengen an Assi=
milaten bei im Frühjahr hoher und im Spätsommer kleiner CO_2=

Abgabe gebildet werden. Denn zur Zeit des größten CO_2-Ver=
brauchs wird ihnen die Kohlenstoffaufnahme erleichtert.

c) Ursachen der Schwankungen. Durch die diesjährigen Bestimmun=
gen erhalten die schon (I S. 81) geäußerten Ansichten neue Bestäti=
gung, daß nämlich für die Schwankungen in der CO_2-Produktion des=
selben Bodens in erster Linie Änderungen der Temperatur und danach
Änderungen in dem Wasserhaushalt des Bodens von Einfluß sind.

Betrachtet man die Kurven für die Luft= und Bodentemperaturen
zur Zeit des Versuchs und die Kurve der gefundenen CO_2-Abgabe
auf den Abb. 14—17, so findet sich, daß im allgemeinen die
Wärme für den Verlauf der Umsetzung bestimmend ist. In der
Regel ist die Temperatur des Bodens von größerem Einfluß als
die der Luft. Es kann dies nicht wunder nehmen; denn es wird
einleuchten, daß die Temperatur der unmittelbaren Umgebung, die
erst ihrerseits wieder von der Luft beeinflußt wird, mehr als diese
ausschlaggebend für die Tätigkeit der Kleinlebewesen sein muß. Auf
die Wirkung der Temperatur auf die Schwankungen der CO_2-
Abgabe während der ganzen Vegetationszeit und während eines
Tages ist im vorstehenden schon hingewiesen worden.

Nur bei wenigen Versuchen weicht der Verlauf der CO_2-Kurve
von dem der Wärmekurven ab. Es ist meist nicht schwer, den Grund
dafür anzugeben, wenn man alle für diesen Tag in Betracht kommen=
den meteorologischen Zahlen durchsieht. Z. B. bei Reihe III
(Abb. 14) steigen vom Versuch am 2. 6. zu dem am 23. 6. die
Linien der CO_2-Abgabe und der Lufttemperatur, während die
Bodenwärme fällt. Die CO_2-Entwicklung verläuft hier scheinbar
nicht gemäß der Bodentemperatur. Es ist aber zu bedenken, daß
der 1. 6. sehr heiß war. Bei der raschen Abkühlung am folgenden
Tage bleibt die Temperatur des Bodens in 10 cm Tiefe noch ver=
hältnismäßig hoch, während sich die darüberliegenden Schichten
schon schneller abkühlten. In diesen wird die Tätigkeit der Klein=
lebewelt ziemlich zurückgegangen sein, und dadurch ist der niedrige
Wert der CO_2-Abgabe zustande gekommen. Zweites Beispiel:
Reihe XII (Abb. 17). Bei den Versuchen am 3. 10. und 4. 10.
steigt die Luftwärme, die Bodentemperatur bleibt dieselbe, die CO_2-
Kurve dagegen fällt. Auch hier ist es leicht, die Erklärung zu finden.
Die Nacht vom 3. zum 4. 10. war sehr kalt, jedoch hat sich ihr Ein=
fluß auf die Wärme des Bodens in 10 cm Tiefe noch nicht bemerk=
bar gemacht. Die oberste Bodenschicht wird sich jedoch stark abgekühlt

8*

haben, so sehr, daß die wenigen Stunden hellen Sonnenscheins vor dem Versuch, die wohl eine Erhöhung der Lufttemperatur bewirken konnten, einen Ausgleich nicht herbeizuführen vermochten.

Bei der Besprechung der Schwankungen der CO_2-Abgabe während eines Tages war schon der Feuchtigkeitsverhältnisse gedacht worden. Es waren Beispiele für eine die Zersetzung erhöhende Wirkung von Tau und Regen angeführt und auch solche für eine hemmende Wirkung übermäßiger Wasserzufuhr genannt. Für die Abweichungen der CO_2-Kurve von den Wärmekurven ist an einigen Tagen die Erklärung durch die Feuchtigkeitsverhältnisse gegeben. Z. B.: Bei den Bestimmungen der Reihe II (Abb. 14) am 20. 9., 29. 9. und 4. 10. fallen zuerst die beiden Temperaturkurven und steigen dann, während es bei der Kurve der CO_2-Werte umgekehrt ist. Die ziemlich hohe CO_2-Entwicklung am 29. 9. dürfte bedingt sein durch die starke Durchfeuchtung der Trockentorfdecke durch die ergiebigen Regengüsse der vorhergehenden Tage. An den beiden anderen Versuchstagen kann eher mit einer Schädigung der Bakterientätigkeit infolge zu geringer Feuchtigkeit gerechnet werden, da besonders vor dem 4. 10. mehrere trockene Tage lagen.

Bei längerer Trockenheit wird nach obigem die Menge der gesamten vom Boden her zur Verfügung stehenden CO_2 geringer. Nun sind aber die Pflanzen gleichfalls durch die Trockenheit geschädigt, und zwar mit dem Erfolg, daß sie nur kürzere Zeit am Tage die Spaltöffnungen voll öffnen als unter normalen Wasserverhältnissen. Stålfelt (47 und 48) hat gezeigt, daß dadurch die Assimilationswerte von Tag zu Tag sinken. Die Fichte ist darin empfindlicher nach seinen Versuchen als die Kiefer. Wechselnd stark je nach der Holzart ist der Einfluß einer Dürreperiode in zweifacher Hinsicht schädigend: Infolge der niedrigeren Luftfeuchtigkeit ist die Transpiration erhöht, und, damit nicht durch verminderte Wasserzufuhr ein Welken eintritt, können die Spaltöffnungen nur kurze Zeit voll geöffnet sein. Für diese kurze Zeit steht noch dazu vom Boden her eine geringere CO_2-Menge zur Verfügung. Deshalb müßten waldbauliche Maßnahmen, welche für gute Ausnutzung des Wasserkapitals im Boden sorgen, solchen Schädigungen umso vorteilhafter begegnen, weil sie gleichzeitig für Wasserversorgung und CO_2-Zufuhr sorgen (Bärenthoren).

Den Einfluß eines anderen Witterungsfaktors auf die CO_2-Produktion habe ich weder 1922/23 noch 1924 meßbar feststellen können, auch nicht den des Lichtes. Daß Veränderungen im Luft-

druck auf die CO_2-Abgabe des Bodens keineswegs den entſcheiden=
den Einfluß haben, wie von vielen Seiten, z. B. Krantz (21 S. 191)
angenommen wird, wird ſpäter noch zu zeigen ſein.

Dagegen iſt von Wichtigkeit die Menge zerſetzbarer organiſcher
Stoffe auf und im Boden. Im erſten Teil (S. 48 und 60) habe
ich durch die Beſtimmungen in Neubruchhauſen gezeigt, daß z. B.
eine Trockentorfſchicht nicht nur ein Kapital an wertvollem Kohlen=
ſtoff iſt, ſondern daß ſie auch verhältnismäßig viel CO_2 an die Be=
ſtandesluft abgibt. Ich habe auch angeführt (S. 51), wie ein Ent=
fernen der Streuſchicht wirkt. Ebenſo wirkt der Wind durch Weg=
wehen des Laubes ſchädigend. Andererſeits ergibt ein Zuführen
neuer Mengen zerſetzbaren Stoffes eine Erhöhung der CO_2-Pro=
duktion. Gute Beiſpiele dafür ſind aus den Kurven für die Ver=
ſuchsflächen XVIa und b (Abb. 16) abzuleiten. Der Laubabfall in
dieſen Beſtänden begann ganz allmählich etwa am 20. 9. und war
Mitte Oktober vollendet. Während die Temperaturen zu den Ver=
ſuchszeiten gleichmäßig andauernd ſinken, ſteigen die Mengen der
erzeugten CO_2 und bleiben dann gleich hoch.

Es war zu erwarten, daß ein verſchieden hoher Säuregrad auf
die CO_2-Abgabe einwirken würde. Denn ſaure Bodenreaktion gilt
einmal als Anzeiger eines ſchlechten phyſikaliſchen Bodenzuſtandes,
und ferner beeinträchtigt ſie die Wirkſamkeit der Zerſetzungsbakterien,
welche eine alkaliſche oder ſchwachſaure Reaktion bevorzugen. Es
wurden deshalb in den unter der Humusauflagerung liegenden
oberen 5 cm des Bodens die „aktive Azidität pH" (30, ſ. u. a. Zeitſchr.
für Pflanzenernährung und Düngung, 1924 A S. 209) nach dem
Comberſchen Rhodankali=Verfahren (ebenda 1923 B S. 300) und
daneben mit dem Merckſchen Univerſalindikator (ebenda 1924 B
S. 148) beſtimmt (ſ. Anhang Beſtandesbeſchreibungen). Eine Zu=
ſammenſtellung der pH=Werte nach Laubholz und Nadelholz ergibt,
daß im Nadelholz ſtets höhere Säuregrade (je kleiner pH, um ſo
höher der Säuregrad) vorhanden waren als im Laubholz; für Nadel=
holz iſt der Durchſchnitt pH = 4,5, für Laubholz pH = 5,1. Im
Nadelholz haben die jüngeren Beſtände, im Laubholz dagegen die
älteren die meiſte Säure. In den Nadelholzbeſtänden iſt zwiſchen
Säuregrad und CO_2-Produktion kein Zuſammenhang zu finden, im
Laubholz dagegen haben die Reihen mit dem geringeren Säure=
grad 5,2 eine durchſchnittliche CO_2-Abgabe von 109% von XII,
die Reihen mit mehr Säure durchſchnittlich 82% von XII.

Reihe	pH		CO$_2$-Abgabe	Reihe	pH		CO$_2$-Abgabe	
		Nadelholz				Laubholz		
II	4,5		83 %	V	5,2		133 %	
III	4,5		140 %	X	5,2		96 %	
IV	4,2	4,5	85 %	XII	5,2		100 %	109 %
VI	4,2		107 %	XVIa	5,2	5,1	108 %	
XV	4,8		95 %	VIII	5,1		75 %	
XVII	4,8		71 %	IX	5,0		71 %	82 %
				XVIb	4,8		101 %	

Die Ergebnisse sind also keineswegs eindeutig; es wird nach dieser Richtung noch weiter gearbeitet werden müssen, ehe ein Urteil darüber abgegeben werden kann, ob die Theorie richtig ist, daß durch höheren Säuregehalt eine Schädigung der Zersetzung eintritt.

d) Der Trockentorfversuch. Um festzustellen, wie durch künstliche Maßnahmen, nämlich durch Düngung mit verschieden hohen Kalkmengen und durch Zusatz von Bakterien die Menge der abgegebenen CO$_2$ zu steigern ist, habe ich einen Versuch im Botanischen Garten eingeleitet. Am 18. 8. wurde eine Wagenladung Fichtentrockentorf aus dem Distrikt 187a, wo der Torf etwa 10 cm im Durchschnitt hoch lag, in den Botanischen Garten gebracht. Hier war ein Stück von 6 m Länge und 3 m Breite, also 18 qm, aus einem an sonniger Stelle gelegenen Rasenplatz in der Weise vorbereitet, daß die Rasensoden abgehauen und der darunterliegende schwere Lehmboden einen Spatenstich tief umgegraben und die Schollen mit der Harke geglättet wurden. Es wurden 12 Felder von je 1 m Breite und 1,50 m Länge gebildet, von denen Nr. 1—10 am 23. 8. mit einer wieder etwa 10 cm hohen Schicht des Trockentorfs bedeckt wurden. Außerdem wurden folgende Düngungen vorgenommen, je Feld von 1,50 qm:

Lageplan.

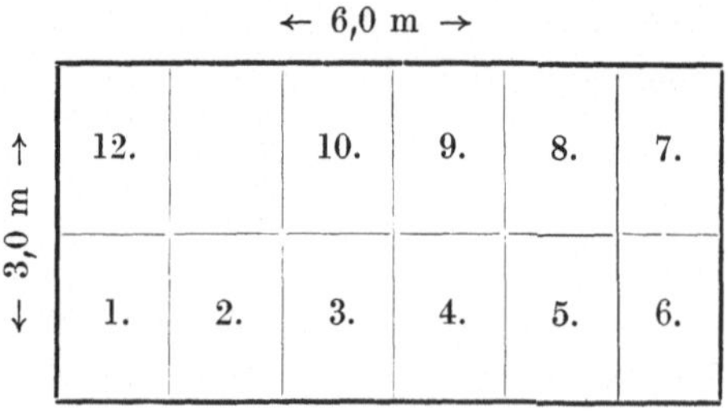

← 6,0 m →

	12.		10.	9.	8.	7.
↑ 3,0 m ↓	1.	2.	3.	4.	5.	6.

Tabelle 12.

Feld-Nr.	Guanol 23. 8. kg	g CaO in Form von Kalkwasser							entspricht je ha CaO in Zentr.
		23.8.	3. 9.	CaCO$_3$ = CaO	6. 9.	9. 9.	20. 9.	zuf.	
1.								—	—
2.		1,0	1,0	(11,2) 6,2	1,0	1,0	1,0	11,2	1,5
3.		2,0	2,0	(22,5) 12,5	2,0	2,0	2,0	22,5	3
4.		3,0	3,0	(33,8) 18,8	3,0	3,0	3,0	33,8	4,5
5.		4,0	4,0	(45) 25	4,0	4,0	4,0	45,0	6
6.	1,5	4,0	4,0	(45) 25	4,0	4,0	4,0	45,0	6
7.	1,5							—	—
8.	1,5	2,0	2,0	(22,5) 12,5	2,0	2,0	2,0	22,5	3
9.	0,75							—	—
10.		4,0	4,0	(45) 25	4,0	4,0	4,0	45,0	6
12.			ohne	Trockentorf				—	—

Guanol (10 und 11) war als Bakteriendünger gewählt worden, weil es ein aus vergorenem Torf unter Verwendung von Melasseschlempe dargestellter sehr bakterienreicher Humusdünger ist und weil angenommen wurde, daß die dem Torf angepaßten Bakterien auch für die Zersetzung des Trockentorfs gut geeignet seien. Die verwendete Guanolmenge wurde von der herstellenden Firma Kraul & Wilkening, Hannover, zur Verfügung gestellt. Wie sich erst nachträglich durch eingehende Messungen der Azidität herausstellte, war der Boden im Botanischen Garten schwach alkalisch, während der Trockentorf von einer stark sauren Stelle im Bestande stammte. Es war also von vornherein mit einem wenig gleichmäßigen Ergebnis zu rechnen, da für die Lebewesen im Trockentorf schon durch das Umrühren beim Auf- und Abladen und durch die Berührung mit dem alkalischen Boden stark geänderte Verhältnisse geschaffen waren. Nach den Probeentnahmen wurde in den unter dem Trockentorf liegenden oberen 3 cm nach dem Comberschen Verfahren und mit Hilfe des Universalindikators (30, weitere Literatur s. dort) mehrmals die freie Säure (pH) bestimmt und aus den wenig abweichenden Bestimmungen der Durchschnitt genommen. Für die einzelnen Felder wurde aus den Werten der Bodenatmung ebenfalls der Durchschnitt berechnet und in Prozent zu dem Wert des ersten Feldes ausgedrückt (s. Tab. 13).

An der Stelle der Felder 9 und 10 war früher ein kleiner vermoorter Teich gewesen; dadurch ist hier noch jetzt ein höherer Säuregrad (je kleiner pH, um so saurer) anzutreffen. Die Kalkdüngung

Tabelle 13.

Feld-Nr.	CaO-Düngung g	Guanol kg	pH	CO_2-Abgabe
1			6,5	100
2	11,2		6,8	152
3	22,5		7,0	124
4	33,8		7,5	140
5	45,0		7,5	128
6	45,0	1,5	7,5	113
7		1,5	7,3	172
8	22,5	1,5	7,5	105
9		0,75	5,5?	115
10	45,0		6,7?	194
12			7,0	222

hat stets eine Erniedrigung der Azidität bewirkt; in der gleichen Weise scheint der Guanolzusatz gewirkt zu haben. Die Kalkdüngung hat ferner die CO_2-Produktion erhöht; es besteht jedoch zwischen der Menge des zugesetzten Kalkes bzw. dem dadurch bedingten Säuregrad und der CO_2-Produktion kein gleichbleibender Zusammenhang. Zusatz von Guanol ohne Kalk hat eine erhebliche Steigerung der CO_2-Abgabe bewirkt; dabei ist bei Feld 9 der verhältnismäßig hohe Säuregrad zu beachten. Ein gleichzeitiger Zusatz von Guanol und Kalk bedeutet im Vergleich zu der gleichen Menge sowohl von Guanol allein wie auch von Kalk allein einen Rückgang; immerhin ist gegen „ungedüngt" noch eine kleine Steigerung festzustellen. Das wird darauf beruhen, daß die im Guanol enthaltenen Kleinlebewesen an eine mehr saure Reaktion ihrer Umgebung angepaßt sind und den Zusatz des alkalischen Kalkwassers nicht gut vertragen.

Über die Wirkung des Guanols läßt dieser Versuch einen sicheren Schluß noch nicht zu. Er ermutigt aber zu weiteren Untersuchungen über den fördernden Einfluß des Guanols auf die Zersetzung von Trockentorf und weist einen neuen Weg, das Ansammeln von Rohhumus durch Impfen mit geeigneten Bakterien möglicherweise zu verhindern.

3. Berechnung des höchsten theoretisch möglichen Zuwachses aus der Menge der Bodenatmung.

Lundegårdh (23, s. auch S. 19) hat eine Berechnung darüber angestellt, wie groß die Mengen Kohlenstoff, welche der Boden dem Bestand zukommen läßt, im Vergleich zu den im Zuwachs eines

Jahres festgelegten sind. Er geht von einer durchschnittlichen tägs
lichen CO_2=Produktion von 4,8 g je Quadratmeter = 48 kg je Hektar
aus. Bei einer Vegetationszeit von $4^1/_2$ Monaten und einer jährs
lichen Aufspeicherung von 3000 kg Kohlenstoff (nach einer Berechs
nung Ebermayers) im Zuwachs würde die vom Boden gelieferte
Menge etwa 60% der verbrauchten Kohlenstoffmenge ausmachen.
Diese Berechnung geht meines Erachtens von einem zu niedrigen
Wert der Bodenatmung aus. Später (27 S. 234) hat Lundegårdh
eine neue Berechnung aufgemacht. Bei einer jährlichen Kohlens
stoffbindung von 3000 kg je Hektar (s. oben) oder 11 000 kg CO_2
würden täglich (Assimilationsperiode von $4^1/_2$ Monaten) 81,5 kg
CO_2 verarbeitet; das sind bei einer Assimilationsdauer von täglich
8 Stunden in einer Stunde 10 kg Kohlensäure. Die Bodenatmung
beträgt im Walde auf Mullboden 1—2 g je 1 qm und 1 Stunde
(27 S. 181). Nehmen wir eine mittlere Bodenatmung von 1 g an,
so wird pro 1 ha und 1 Stunde 10 kg CO_2 vom Boden produziert,
also in 8 Stunden ebenso viel, wie vom Bestand am Tage vers
arbeitet wird. Nun geht die CO_2=Bildung im Boden während des
ganzen Tages weiter, so daß also nur $^1/_3$ der abgegebenen CO_2=
Menge in der Regel für den Zuwachs des Bestandes aufgenommen
zu werden braucht. In dieser Rechnung läßt meines Erachtens die
Bodenatmungsmenge von täglich im Durchschnitt 24 g je 1 qm, die
nach meinen Bestimmungen viel zu hoch ist, das Verhältnis von
Bodenatmung zur Assimilation als zu günstig für die erstere ers
scheinen.

Für meinen Ollsener Standardbestand habe ich (S. 47) bei einem
aus meinen Bestimmungen erhaltenen Mittel von etwa 10 g je 1 qm
und 24 Stunden nur eine tatsächlich erzeugte CO_2=Menge von 9 g
angenommen (s. dazu S. 106). Ferner habe ich die Annahme zus
grunde gelegt, daß genau soviel Assimilate zur Bildung der in die
Streu übergehenden Pflanzenteile, also Blätter oder Nadeln und
junge Zweige, wie zur Bildung von Derbholz notwendig sind, da
nichts Genaueres bekannt ist. Je ein Viertel dieser Menge sollen
ferner im unterirdischen Pflanzenkörper angelegt sowie durch die
Atmung der Wurzeln sofort wieder gebraucht werden. Es ergibt
sich also folgende Verteilung der Assimilate:

40% aller Assimilate = Streu,
10%   „   „   = Wurzeln,
10%   „   „   = Wurzelatmung,
40%   „   „   = Derbholz.

Bei einer sechsmonatlichen Vegetationszeit für den Nadelholz=
bestand wird so viel CO_2 vom Boden abgegeben, wie unter Berück=
sichtigung des spezifischen Gewichts und des Wassergehalts 30 fm
Fichtenholzmasse oder 12 fm Fichtenderbholz entsprechen. Nach der
Schwappachschen Ertragstafel hat der Probebestand, ein 22jähriges
geschlossenes Fichtenstangenholz I. Ertragsklasse, einen laufend jähr=
lichen Derbholzzuwachs von 9 fm. Es werden also nur 75% der
vom Boden abgegebenen Kohlenstoffmengen verassimiliert.

In meinem Bestand XII (38jähriger Eichen= und Buchenmisch=
bestand II. Ertragsklasse, Vollbestandsfaktor 0,8) haben die Mes=
sungen in den 4 Monaten Juni bis September 1924 eine durch=
schnittliche tägliche CO_2=Abgabe von 9,9 g je Quadratmeter ergeben.
Wenn man berücksichtigt, daß die große Mehrzahl der Bestimmungen
während der Tagesstunden gemacht ist, und mit einer geringeren
CO_2=Produktion während der Nacht rechnet, so darf man einen täg=
lichen Durchschnitt von 9 g je 1 qm oder 90 kg je 1 ha annehmen.
In den 4 Monaten Juni bis September sind das 10 800 kg CO_2,
dazu in der zweiten Hälfte des Mai mit etwa 60 kg täglich noch
900 kg, so daß also für die ganze Vegetationszeit von $4^1/_2$ Monaten
die CO_2=Abgabe 11 700 kg beträgt. Diese entsprechen 3200 kg
Kohlenstoff oder 6400 kg wasserfreier Holzmasse. Buchen= sowie
Eichenholz enthält rund 45% Wasser, so daß also die vom Boden
gebildete CO_2 für $\frac{100}{55} \cdot 6400 = 11\,640$ kg Buchen= oder Eichenholz
ausreichen würde; das sind bei einem Gewicht des Festmeters von
700 kg = **17 fm** Buchen= oder Eichenholz.

Nach Ebermayer (7 S. 299) sollen in einem Buchenbestand je
Hektar zur Bildung von Holz 1719 kg Kohlenstoff, von Streu
1467 kg verwendet werden, so daß also 54% des assimilierten
Kohlenstoffs sich im Holz wiederfindet. Für Eichenbestände sind die
entsprechenden Zahlen 1792 kg und 1196 kg, so daß in diesen 60%
zur Holzbildung verbraucht werden. Da ich nicht feststellen konnte,
ob in dieser Rechnung die unterirdische Holzmasse einbezogen ist,
will ich diese zur Vorsicht mit 10% der gesamten Assimilatenmenge
ansetzen und ebensohoch die Menge einschätzen, welche durch Ver=
atmung durch die Wurzeln verbraucht wird, aber bei der Messung
der CO_2=Produktion des Bodens die Werte erhöht hat. Von den
dann restlichen 80% werden $80 \cdot \frac{54}{100} = 43\%$ bzw. $80 \cdot \frac{60}{100} = 48\%$,
im Mittel also rund 45% zur Bildung von bleibenden Holzteilen
verbraucht, während die übrigen 35% zur Bildung von Blättern

und jungen Zweigen, welche im Herbst wieder in die Streu über=
gehen, verwendet werden. Die Rechnung sieht also jetzt so aus:

$$
\begin{aligned}
45\% \text{ aller Assimilate} &= \text{Holz,}\\
35\% \qquad\qquad\quad &= \text{Streu,}\\
10\% \qquad\qquad\quad &= \text{Wurzeln,}\\
10\% \qquad\qquad\quad &= \text{Wurzelatmung.}
\end{aligned}
$$

Demnach gibt der Boden im Bestand XII so viel CO_2 ab, daß sie
zur Bildung von $17 \cdot \frac{45}{100} = 7{,}65$ fm Holz ausreichen würde. Nach
der neuesten Eichen= und Buchenertragstafel, der von Gehrhardt
1923, beträgt der laufend jährliche Zuwachs an Gesamtholzmasse
in einem 38jährigen Bestand II. Ertragsklasse (lockerer Schluß)
9,2 fm. Diese Zahlen sind mit dem mit Hilfe der gemessenen Ab=
standszahl errechneten Vollbestandsfaktor des vorliegenden Be=
standes, also 0,8, zu multiplizieren, so daß für ihn ein jährlicher
Zuwachs von 7,4 fm anzunehmen ist.

Das Ergebnis dieser Rechnung ist also, daß der Boden ebenso viel
oder etwas mehr CO_2 produziert, wie vom Bestand verarbeitet wird.
Leider muß bis jetzt noch mit einigen Annahmen gerechnet werden.
Denn ich habe aus der Literatur nicht entnehmen können, daß mit
einiger Sicherheit festgestellt wurde, wie sich die im Holz, in den
Blättern und Zweigen und in den Wurzeln festgelegten Mengen
an Assimilaten zueinander verhalten. Gleichfalls weiß man über
die Menge der Wurzelatmung unserer Waldbäume zahlenmäßig
nichts. Durch Multiplikation von 7,65 fm mit der Zahl, welche das
Verhältnis der Bodenatmung auf einer bestimmten Fläche zu der
des Standardbestandes angibt (s. Tab. 15), läßt sich in Laubholz=
beständen errechnen, wieviel Holz aus der hier im Boden ent=
wickelten CO_2 gebildet werden kann. Aus der Ertragstafel ist unter
Berücksichtigung des Vollbestandsfaktors abzuleiten, wie hoch der
Zuwachs des Bestandes an Holz tatsächlich ist (s. Tab. 16).

Die gleiche Rechnung folge für einen Nadelholzbestand, den
Fichtenbestand Reihe II, Distr. 20b, ein 93jähriger in seiner Leistung
zurückgehender Bestand. Bei ihm darf statt mit einer Vegetations=
periode von $4^{1}/_{2}$ Monaten mit einer von wenigstens 6 Monaten
gerechnet werden, nachdem die Bestimmungen vom 24. 11. (s. S. 130)
noch eine recht erhebliche Assimilation angezeigt haben. Die täg=
liche CO_2=Produktion verhält sich zu der auf Fläche XII wie $100:83$,
so daß also dort $11\,700 \cdot \frac{6}{4^{1}/_{2}} \cdot \frac{83}{100} = 12\,950$ kg CO_2 entsprechend
3530 kg Kohlenstoff vom Boden erzeugt werden. Das sind 7060 kg

wasserfreie Holzmasse oder, da Fichtenholz 45% Wasser enthält, $\frac{100}{55} \cdot 7060 = 12\,840$ kg Fichtenholz oder 25,7 fm (1 fm = 500 kg). Nun verhält sich beim Nadelholz nach Ebermayer die im Holz festgelegte Kohlenstoffmenge zu der für die Streu gebrauchte wie 1:1. Also bleiben nur 40% der Assimilate im Holz (40% Streu, je 10% Wurzeln und Wurzelatmung), so daß der CO_2-Produktion in unserem Bestand **10,3** fm Holz entsprechen. Die Ertragstafel (Gehrhardt 1923) gibt für einen 93jährigen Fichtenbestand (0,3 I., 0,7 II. Ertragsklasse) einen jährlichen Holzzuwachs (Derb- holz und Reisig) von 10,1 fm an. Der Bestand hat den ermittel- ten Vollbestandsfaktor 0,7; sein tatsächlicher Zuwachs beträgt also 7,1 fm.

Auf die gleiche Weise wie für die Laubhölzer kann auch für die Nadelhölzer durch Multiplikation von 10,3 fm mit der Zahl, die das Verhältnis der neuen Fläche zu der Fläche II ausdrückt, z. B. bei Fläche IV $\frac{85}{83}$ (s. Tab. 15), für jeden Bestand festgestellt werden, wieviel Holz aus der vom Boden abgegebenen CO_2-Menge gebildet werden könnte. Der wirkliche Zuwachs ist auch auf die angegebene Weise zu berechnen. Nur für die Fläche III ist er nicht zu ermitteln, da er nur für das Altholz, nicht aber für den Jungwuchs gemessen oder der Ertragstafel entnommen werden kann.

In der Tab. 16 sind die Zahlen für alle Probeflächen zusammen- gestellt. Es ist nach der modernsten Ertragstafel, der von Gehr- hardt 1923, der Vollbestandsfaktor für jeden Bestand nach der gemessenen Abstandszahl ermittelt und daraus der wirkliche Zu- wachs berechnet. In jedem Bestand ergibt sich ein Überschuß der Bodenatmungs-CO_2 über diejenige CO_2-Menge, welche vom Be- stand verbraucht wird. Der mögliche Mehrertrag schwankt recht bedeutend; er ist im wesentlichen vom Wind abhängig, was an anderer Stelle (S. 137) näher ausgeführt werden soll.

5. Verteilung der CO_2 in der Bestandesluft.

1. Ergebnisse von Lundegårdh.

Bis vor kurzem waren die Untersuchungen Ebermayers (8 S. 14f.) die einzigen über den Kohlensäuregehalt der Waldluft. Ich habe schon (I S. 17) dargelegt, daß diese Untersuchungen unvoll- kommen und zudem falsch gedeutet sind. Die Einordnung der Einzelbestimmungen nach Holzart und Alter des Bestandes (I S. 16) ließ erkennen, daß 1. im Laubwald der CO_2-Gehalt in etwa 2 m Höhe größer ist als im Nadelwald und daß 2. mit zunehmendem Alter der CO_2-Gehalt der Luft fällt. Zu dem gleichen Ergebnis ist auf demselben Wege auch Krantz (21 S. 168) gekommen.

Lundegårdh (27 S. 226) berichtet außer den schon früher (I S. 18) besprochenen über neue Messungen des CO_2-Gehalts in der Waldluft. Aus seinen Beobachtungen, die „immer mitten am Tage, bei klarem sonnigen Wetter, also zur Zeit der maximalen Assimilation" angestellt wurden, geht hervor, daß der CO_2-Gehalt oft recht hohe Werte erreichen kann. „Die CO_2-Konzentration nimmt im allgemeinen nach oben hin, d. h. nach den Kronen zu, ab. Die am Waldboden stehenden Pflanzen befinden sich in einer Atmosphäre, die infolge der starken Bodenatmung reich an CO_2 ist. Etwas höher hinauf, in der Strauchregion (d. h. wenige Meter über dem Boden), pflegt die CO_2-Konzentration schon geringer zu sein. Sie nimmt mit der Höhe über dem Boden rasch ab, und zwar laut einer logarithmischen Kurve." Lundegårdh sagt, daß eine regionale Verteilung der CO_2 herrscht, wobei die untersten Regionen einen sehr hohen Überschuß im CO_2-Gehalt zu dem der freien Luft aufweisen. In der Höhe der höheren Kräuter, Stauden und Sträucher, d. h. wenige Meter über dem Boden, ist entweder ein mäßiger Überschuß vorhanden oder ausnahmsweise etwas weniger. Denn der CO_2-Gehalt wird bedingt durch die Bodenatmung, die Assimilation und die Luftbewegungen.

Lundegårdhs Werte der CO_2-Konzentration schwanken zwischen 0,080% (dicht über dem Boden, dem 2,54fachen des Gehalts der freien Luft) und 0,0254% in 1,5 m Höhe über dem Boden, d. i. das 0,85fache der freien Luft. Seine Messungen sind jedoch niemals in größerer Höhe als 2 m vorgenommen, so daß die Ansicht, daß der CO_2-Gehalt nach oben hin laut einer logarithmischen Kurve abnimmt, eine unbewiesene Annahme ist. Soviel geht aber mit Sicherheit aus Lundegårdhs Untersuchungen hervor, daß die Luft im Bestand, d. h. genauer zwischen Boden und Kronen, in der Regel reicher an CO_2 ist als die freie Luft.

Aus den im ersten Teil (S. 24, Tab. 4) aufgeführten Ergebnissen wurde gleichfalls erkannt, daß der CO_2-Gehalt der Waldluft erheblich höher ist als im Freien, daß er nach oben abnimmt und daß er vom Winde stark beeinflußt wird.

2. Eigene Versuche.

Bei den CO_2-Bestimmungen der Waldluft in allen Höhen zwischen Boden und Kronen und auch über diesen ergab sich ein Durchschnitt von ungefähr 0,04%. Diese Zahl, von der die Einzelbestimmungen oft erheblich abweichen, ermöglicht es nicht, irgendwelche Schlüsse für den Kohlenstoffhaushalt im Bestand zu ziehen. Sie hat nur den Wert einer ungefähren zahlenmäßigen Anschauung über den CO_2-Gehalt der Waldluft, ist etwa eine Merkzahl für das Gedächtnis.

Wenn ich zwei noch höhere Werte, bei denen die Möglichkeit eines Versuchsfehlers vorliegen könnte, ausschließe, so ergab sich ein Maximum von 0,081%, das wäre das 2,7fache des durchschnittlichen Gehalts der freien Luft (0,030%). Dieser Wert fand sich an einem sehr warmen Tage (daher hohe CO_2-Produktion des Bodens) ohne Wind auf der Fläche III 0,02 m über dem Boden, also unter dem sehr dichten, etwa 1 m hohen Fichtenjungwuchs. Der zweithöchste Wert 0,073 (Fläche X, 20. 6.) ergab sich in 3 m Höhe, also in der Mitte der Buchenblätter, an einem sehr heißen Tage, nachdem die Sonne hinter dichten Wolken stand, und wird bei Windstille oder geringem Lufthauch durch die starke Ausatmung der Blätter bedingt sein. Es folgt 0,069% (VI, 25. 6.) 0,02 m über dem Boden bei Windstille; dann 0,068% (III, 11. 7.) bei schwachem Nordostwind in 1,5 m Höhe, also dicht über den Spitzen des Fichtenjungwuchses, an einem warmen, bedeckten Tage. Im ganzen wurden bei 480 diesbezüglichen Bestimmungen 7mal Werte über 0,060% gefunden, d. i. bei 1,5% der Bestimmungen.

Der niedrigste Wert überhaupt war 0,0205% (VI, 4. 9.); er fand sich in der Mitte der voll assimilierenden Fichtenkronen (12 m) auf einer nassen Bestandesfläche bei sehr schwachem Wind. Wohl im Zusammenhang mit dieser Vernässung des Bodens infolge der vorhergehenden reichlichen Regenfälle (s. Tab. 14), die so weit ging, daß im Trockentorf wie in einem Schwamm das Wasser stand und sich beim Auftreten Pfützen bildeten, stehen am gleichen Tage auch die sehr niedrigen Werte in den übrigen Höhen: 0,0235, 0,026 und 0,027% (Tab. 21 und Abb. 19). Sehr niedrig (0,021%) ist auch der Gehalt in 6 m Höhe auf Fläche V (23. 6.) bei schwachem Ostwind und starkem Entzug durch die infolge der starken Sonnenbestrahlung gesteigerte Assimilation. Außer den genannten Zahlen wurden noch 7 weitere Werte unter 0,030% gefunden, so daß also im ganzen nur 12 Bestimmungen $= 2,5\%$ der Gesamtzahl unter 0,03% lagen.

Ich habe zuerst versucht, meine Ergebnisse der Waldluftanalysen mit einer Standardreihe (Tab. 17), d. h. eine Reihe möglichst gleichzeitig mit den Bestandesmessungen aufgenommenen Bestimmungen der freien Atmosphäre, in Vergleich zu setzen. Die Standardproben sollten auf der oberen Plattform des Tillyschanzenturms, die etwa 5 m höher liegt als die Spitzen des umgebenden, nach der Fulda zu steil abfallenden Eichen- und Buchenaltholzbestandes, OSO-Hang, entnommen werden. Es zeigte sich aber, daß der Luftgehalt an CO_2 außerordentlich stark wechselte und je nach der Windrichtung mehr oder weniger stark von dem Bestand beeinflußt wurde. Auch wird von der Stadt her CO_2-reiche Luft der Fabriken und Schornsteine herangeführt sein. In der Stadt, die in den ziemlich engen Flußtälern eingeklemmt liegt, oder in ihrer Nähe ließ sich kein Platz finden, an dem der CO_2-Gehalt nicht von der Stadt oder von den benachbarten Waldungen mehr oder weniger abhängig war. Es ist hier also nicht möglich gewesen, wie Lundegårdh mit einem CO_2-Faktor (bei gleichzeitiger Messung ist CO_2-Faktor = CO_2-Gehalt der Probestelle zu CO_2-Gehalt der Standardstelle) zu rechnen, der von jenem durch Vergleich mit der Luft am Meeresstrand leicht erhalten werden konnte.

Der CO_2-Gehalt an irgendeiner Stelle der Bestandesluft ist abhängig:

1. von der CO_2-Produktion des Bodens,
2. von dem Entzug durch die Assimilation oder
3. von der Zufuhr durch die Atmung der Baumkronen,
4. von der Zufuhr oder Abführung durch Luftbewegungen parallel oder senkrecht zur Bodenoberfläche und
5., wo diese fehlen, von der Diffusion.

Die Verteilung der CO_2 in den verschiedenen Höhen der Bestandesluft ist keineswegs so einfach, wie Lundegårdh nach seinen Versuchen glaubt und wie auch ich bisher annahm. Sie nimmt nicht etwa gleichmäßig oder „laut einer logarithmischen Kurve" nach oben hin ab, sondern häufig sieht die Kurve ganz anders aus, wie nachstehendes aus meinen Messungen von 1924 zeigt.

In der Regel ergibt sich für die unteren Schichten ein Fallen des CO_2-Gehalts nach oben hin. Die am Boden entstehende CO_2 wird durch Diffusion und Wind allmählich mit den darüber lagernden Luftschichten vermischt. Aber bei einer größeren Reihe von Bestimmungen findet sich ein Abweichen. Der CO_2-Gehalt ist nämlich in der Luftschicht unterhalb von 1,5 m Höhe manchmal unten niedriger als oben; über 1,5 m Höhe fällt er jedoch normal. Nachstehend habe ich diejenigen Versuche zusammengestellt, bei denen der Unterschied des CO_2-Gehalts bei den Einzelbestimmungen so groß ist, daß er bestimmt außerhalb der Fehlergrenze, die nach S. 98 mit ± 0,0005% veranschlagt werden kann, liegen muß. Dabei ergibt sich scheinbar ein Zusammenhang der Erscheinung, daß innerhalb der Luftschicht unter 1,5 m der CO_2-Gehalt oben höher ist als unten, mit der Feuchtigkeit der Bodendecke (vgl. Tab. 14 und 18—26).

Reihe II, 23. 6.: sehr starker Regen am 19. und 20. 6;
    „ III,   2. 6.: hatte unmittelbar vorher geregnet;
            23. 6.: wie II;
    „ VIII,   4. 6.: nachts vorher Regen und viel Tau;
    „   X,   4. 6.: ebenfalls;
    „ XII, 16. 7.: früh morgens, Tau;
            16. 7.: 9 Uhr vormittags (auch bei Ausschaltung des Windes), Einwirkung des nächtlichen Taues;
            16. 7.: 7 Uhr abends?
    „   XV,   6. 6.: etwas Regen, vielleicht auch bedingt durch Atmung der Kronen;
Ruthbachschlucht, 25.6: Wasserlauf.

Einige wenige Messungen, bei denen auch das Abfallen des CO_2-Gehalts nach oben vorliegt, lassen wiederum keinen Zusammenhang mit der Bodenfeuchtigkeit erkennen:

Reihe IX,   2. 8.: kein Regen vorher, niedrige Luftfeuchtigkeit, keine Atmung der Blätter, da morgens;
    „ XII, 29. 7.: 4 Uhr nachmittags, vorher kein Regen (auch bei Ausschaltung des Windes). Der CO_2-Gehalt fällt von 0,02—0,20 m im Fensterdreieck und 0,50 m im Freien und steigt dann wieder bis 1,0 und 1,5 m, darüber fällt er wieder. Nachdem inzwischen sehr starker Regen niedergegangen ist, fällt abends 7 Uhr der CO_2-Gehalt von unten nach oben.

Der CO_2-Gehalt fällt von 0,02—0,20 m im Fensterdreieck und 0,50 m im Freien und steigt dann wieder bis 1,0 und 1,5 m, darüber fällt er wieder. Nachdem inzwischen sehr starker Regen niedergegangen ist, fällt abends um 7 Uhr der CO_2-Gehalt von unten nach oben.

Außer der Feuchtigkeit scheint auch eine stärkere Streudecke erforderlich zu sein; denn nur in Beständen mit einer solchen tritt diese Erscheinung auf. An vielen Tagen, an denen die Streudecke gut durchfeuchtet war, wurde jedoch das Ansteigen des CO_2-Gehalts von unten nach oben nicht festgestellt. Wenn auch tatsächlich die vermutete Beziehung zu dem Feuchtigkeitsgehalt einer stärkeren Bodendecke zutreffen sollte, so ist noch immer nicht erklärt, auf Grund welchen Gesetzes diese Erscheinung zustande kommen sollte. Da die CO_2 der unteren Luftschichten aus dem Boden stammt, so ist nach den Gesetzen der Diffusion ein gleichmäßiges Abfallen der CO_2-Konzentration vom Boden zu den Kronen zu erwarten. Diese Erscheinung muß also wohl, da kein allgemeingültiges physikalisches Gesetz vorliegt, wie manches andere in der Meteorologie als ungeklärt angesehen werden.

Von 1,5 m Höhe bis zu den Baumkronen fällt der CO_2-Gehalt in der Regel mehr oder weniger steil ab. Aber auch hier finden sich an einigen Tagen Abweichungen, welche durch die Atmung der Blätter, die die Assimilation wohl abgelöst hatte, erklärt werden.

Reihe X, 20. 6. und 25. 6.: an diesem Tage abends;
  „ XV, 6. 6.: nach einem sehr sonnigen Tage, an dem eine Assimilatenhäufung in den Nadeln eingetreten sein mag.

Am 27. 10. stieg in dem fast völlig entlaubten Bestand XII der CO_2-Gehalt durchgehend von unten nach oben. Atmung kommt hier also nicht in Frage. Vorher herrschte starker Nebel, der sich niederschlug. Es könnte also eine Beeinflussung durch die feuchte Bodendecke ähnlich der eben besprochenen mitspielen. Vielleicht ist aber auch die bei SW-Wind aus dem dort vorgelagerten Fichtenbestand herangeführte Luft durch die Atmung in diesem mit CO_2 angereichert.

Während von 1,5 m Höhe bis zu den Kronen der Gehalt meist nicht allzu steil abfällt, biegt die Kurve in den Kronen in der Regel scharf ab und erreicht ihren niedrigsten Wert in der Höhe der meisten Assimilationsorgane. Von hier bis über den Baumkronen steigt der Gehalt dann wieder etwas an bis zum CO_2-Gehalt der Luft über den Kronen, der durchweg kleiner war als jener der Bestandesluft unter den Kronen. Diesen Verlauf der CO_2-Kurve für die verschiedenen Höhen habe ich unter Benutzung der Türme in verschiedenen Beständen, zu verschiedenen Jahres- und Tageszeiten so häufig festgestellt, daß er meines Erachtens durch neue Messungen nicht mehr verändert werden wird und als unwiderleglich wird gelten können.

An der Hand der Kurven für den 31 m hohen Fichtenbestand II mag diese Verteilung besprochen werden (s. Abb. 11 und die

Abb. 18—22 im Anhang). In dem Luftraum zwischen dem Boden und den Kronen fällt der CO_2=Gehalt nach oben nur ganz wenig. Dicht über dem Boden ist er jedoch an den Tagen, an denen wenig Wind herrscht (6. 9. und 29. 9.), in diesem Fichten= altholz ohne jeden Unterstand erheblich höher. Ein stärkerer Wind wie der am 20. 9. und 24. 11. führt ziemlich bald einen Ausgleich zwischen diesen Schichten, also innerhalb von 5 m und dem Boden,

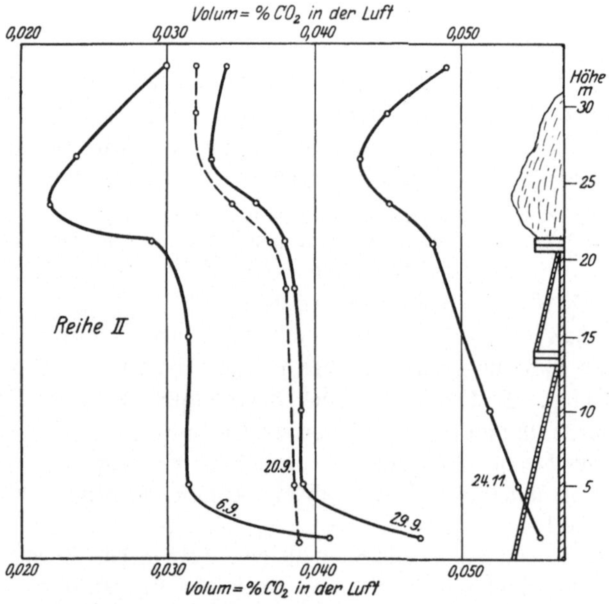

Abb. 11. CO_2=Verteilung in der Bestandesluft.

herbei. Der tiefste Punkt der Kurven, d. h. der geringste CO_2= Gehalt, liegt in der Höhe der Zone der meisten Assimilationsorgane, also an der Stelle des höchsten Verbrauchs. Von hier steigt der Gehalt wieder bis zu der Luftschicht über den Baumkronen mehr oder weniger an, erreicht jedoch nicht die gleichen Werte wie unter= halb der Krone. Das bedeutet, daß zu den assimilierenden Nadeln oder Blättern dem Gesetz der Diffusion entsprechend CO_2 von unten und von oben zugeführt wird. Die Zufuhrmenge richtet sich nach dem Diffusionsgefälle, d. i. dem Unterschied zwischen der CO_2= Konzentration der Stelle, von der die CO_2 abfließt, und der Stelle, zu der sie hinfließt. Da das CO_2-Gefälle vom Boden zu den Kronen wesentlich größer ist als das von oben nach unten, so ergibt sich, daß die größere Menge der verassimilierten Kohlensäure aus der Bestandesluft und damit aus dem Boden stammt; denn gemäß dem Diffusionsgesetz (Diffusionsgefälle) ist eine Versorgung der Bestandesluft aus dem Luftozean über den Kronen unmöglich. Das Verhältnis der verassimilierten CO_2-Mengen, welche aus dem Boden bzw. der atmosphärischen Luft stammen, wechselt je nach den Umständen erheblich. Am 20. 9. stammt die ganze CO_2-Menge von unten, da das CO_2-Gefälle von oben zu den Kronen gleich Null ist. Am 29. 9. kommt der bei weitem überwiegende Teil von unten.

Die Kurven für die anderen Bestände haben einen gleichsinnigen Verlauf, wenn auch die Kurve je nach der Beschaffenheit des Bestandes zunächst anders aussehen mag. Jedoch gelten die vorstehend genannten Tatsachen auch bei ihnen. Es finden sich aber auch einige Bestimmungen, die einen abweichenden Verlauf der Kurven ergeben, ohne daß die Ergebnisse den oben aufgeführten Sätzen widersprechen. Solche Kurven sind die im folgenden besprochenen:

Auf Fläche IV am 4. 9. und auf XII am 29. 8. steigt der CO_2-Gehalt nicht wieder oberhalb der Baumkronen, sondern er fällt weiter. An beiden Tagen ist die CO_2-Produktion des Bodens verhältnismäßig sehr hoch. Die Bestimmungen wurden morgens gemacht, nachdem also die Assimilation noch nicht lange im Gang gewesen war und der Bestandesluft noch nicht viel von der in der Nacht aufgespeicherten CO_2 hatte entziehen können. Am 4. 9. war außerdem der Himmel bewölkt, so daß auch dadurch die Assimilation behindert war; am 29. 8. dagegen war heller Sonnenschein. An diesen Tagen und zur Versuchszeit stammt demnach die gesamte verassimilierte CO_2 aus dem Boden, ja es wurde sogar noch der Luft über dem Bestande von unten her CO_2 zugeführt.

Bei Fläche X liegt am 18. 9. bei nahezu Windstille der tiefste Punkt der CO_2-Kurve nicht in der Höhe der meisten Assimilationsorgane, sondern in größerer Höhe, nämlich in der Gegend der oberen Zweige des Bestandes. Bei geringer Lichtmenge war an diesem Tage die Assimilation nicht allzu stark, so daß noch am Mittag bis auf einen geringen Teil der ganze CO_2-Bedarf vom Boden her gedeckt werden konnte.

Bei Fläche IV ist am 29. 9. der Gehalt unterhalb der Krone in 1,5 m Höhe niedriger als über ihnen in $7^1/_2$ m Höhe. Die Bestimmungen wurden abends nach einem sonnigen Tage ausgeführt, so daß also ein ziemlich großer CO_2-Entzug durch die Assimilation stattgefunden hatte. Die Zersetzung am Boden war gering; es war ferner fast ganz windstill, so daß für die CO_2-Zufuhr von unten nur die Diffusion, die nur eine sehr langsame Vermischung bewirkt, in Frage kam. Dies dürften die Gründe sein, derentwegen der größere Teil der verbrauchten CO_2 zur Meßzeit oberhalb des Bestandes entnommen werden mußte.

Ähnlich liegt der Fall bei XVI b am 26. 9. Auch hier findet sich der geringste CO_2-Gehalt unterhalb der Zone der meisten Assimilationsorgane. Die Nacht vorher war sehr kalt, daher geringe Bodenatmung. Am Tage herrschte heller Sonnenschein, so daß der Verbrauch an CO_2 durch die Assimilation groß war. Auch hier ist der Anteil der Luft über dem Bestande an der Bildung der Assimilate größer als der der Luft unterhalb der Kronen.

Umgekehrt als die übrigen Kurven verläuft auf Fläche X am 25. 6. die Kurve; der CO_2-Gehalt ist hier am höchsten zwischen den Kronen und fällt nach oben und nach unten. Die Messungen wurden ziemlich spät abends vorgenommen, wo an Stelle der Assimilation die Atmung der Blätter getreten war. Bei der herrschenden völligen Windstille war es leicht möglich, daß in der Höhe der Blätter sich die ausgeatmete CO_2 ansammelte und nur langsam, weil die wenig wirksame Diffusion als einziger bewegender Faktor in Frage kam, nach oben und unten abfloß.

Während der hellen Tagesstunden ist stets ohne Ausnahme ein Entzug von CO_2 in der Zone der Assimilationsorgane festgestellt. Der Beweis dafür, daß dieser Entzug wirklich durch die Assimilation bewirkt sein soll, muß noch gebracht werden. Meines Erachtens ist das der Fall, wenn die CO_2-Abminderung in der Krone nicht beobachtet wird in einem Laubholzbestand, wenn die Blätter abgeworfen sind. Die Bestimmungen XII, 15. 11. und XVI b, 27. 10. bestätigen diese Überlegung. Die Witterungsbedingungen zur Zeit der Versuche waren derart, daß nach der Erfahrung mit den übrigen Bestimmungen im belaubten Zustande mit einem starken Entzug zwischen den Kronen hätte gerechnet werden müssen. Daß nicht etwa die vorgeschrittene Jahreszeit irgendwie das Ergebnis beeinflussen konnte, erhellt daraus, daß noch später, nämlich am 24. 11., in dem Fichtenbestand II der CO_2-Gehalt zwischen den Kronen noch sehr erheblich zurückging, also assimiliert sein muß.

Von Schriftstellern, die die Möglichkeit einer Zuwachsmehrung durch erhöhte CO_2-Erzeugung am Boden bezweifeln, ist mehrfach ausgesprochen, daß nur die unteren Luftschichten eine CO_2-Anreicherung erfahren würden. In den höheren Schichten würde sofort eine Vermischung mit der CO_2-armen atmosphärischen Luft über den Kronen erfolgen. Es würde also vielleicht der Unterwuchs einen Nutzen daraus ziehen können, niemals aber der Altbestand. Meine Untersuchungen, besonders die Messungen in den Althölzern II und XVI b, in hiebsreifen 31 und 23 m hohen Beständen, beweisen das Unrichtige dieser Annahme. Bis in die Kronen hinein ist die Bestandesluft reicher an CO_2 als die Luft über den Kronen, und diese überschüssige CO_2 kann nur aus dem Boden stammen, da die Wirksamkeit anderer CO_2-Quellen aus physikalischen Gründen fehlt. Eine Erhöhung der CO_2-Abgabe des Bodens muß daher eine weitere CO_2-Anreicherung in der Luft des Bestandes bedingen. Daß die Assimilation etwa proportional dem CO_2-Gehalt steigt, ist erwiesen und bekannt (vgl. Kap. I und II).

Nun ergeben aber alle Messungen über den Kronen sowie die Messungen auf dem Tillyschanzenturm mit einer einzigen Ausnahme einen höheren CO_2-Gehalt als den sog. „normalen" der Atmosphäre mit 0,03%. Diese Ausnahme (VI, 4. 9.) dürfte im Zusammenhang stehen mit der schon besprochenen starken Vernässung und kann daher unberücksichtigt bleiben. Die Kohlensäure, welche die Luft über den Beständen anreichert, kann meines Erachtens hier in der Oberförsterei Gahrenberg, inmitten eines großen Waldgebiets, doch auch nur aus dem Waldboden stammen. Tatsächlich haben einzelne Messungen sogar in den Kronen einzelner Bäume, wie schon ausgeführt wurde, ergeben, daß ein Abfließen von CO_2 aus der Luft im Bestand durch die Krone hindurch zur Luft über dem Bestand stattfindet, wohlgemerkt, trotz des Entzugs durch die Assimilation. Es ist also ganz klar, daß durch die Lücken zwischen den Kronen ständig CO_2 in die atmosphärische Luft übergehen muß. Erst recht muß dies der Fall sein zu den Zeiten, wo der Boden CO_2 produziert, die Blätter dagegen nichts durch Assimilation verbrauchen, also nachts und wenn die Laubbäume ihre Blätter verloren haben.

Diese Erwägung ergibt, daß alle diejenige Kohlensäure, welche den Gehalt der Luft unterhalb oder oberhalb der Krone auf mehr als 0,030% erhöht, dem Boden in einem nicht allzu großen Umkreise entstammen muß. Es braucht natürlich nicht gerade der Boden der betreffenden Probefläche sein, sondern die Kohlensäure kann, besonders im Bestande ohne Unterwuchs, oft aus größerer Entfernung erzeugt sein. Man wird also folgern können, daß ein Bestand nur dann einen Teil seines Kohlenstoffsbedarfs aus der Atmosphäre oberhalb der Kronen deckt, wenn der Gehalt der Luft zwischen den Assimilationsorganen unter 0,030% sinkt, was nach meinen Messungen ziemlich selten ist.

Eine direkte Abhängigkeit der CO_2-Konzentration der unteren Luftschichten von der Größe der Bodenatmung hat Lundegårdh (24 S. 120) festgestellt, und zwar über landwirtschaftlich genütztem Boden. Diese Abhängigkeit läßt sich natürlich nicht auch für die höheren Luftschichten, besonders nicht im Walde, eindeutig verfolgen; denn in diesen spielen gleichzeitig eine größere Zahl von Faktoren eine Rolle, und es dürfte nicht möglich sein, die Wirkung der einzelnen auseinander zu halten. Es kann aber gar keinem Zweifel unterliegen, daß bei sonst ganz gleichen Bedingungen eine gesteigerte Zersetzung am Boden, durch die erwiesenermaßen eine Erhöhung des CO_2-Gehalts der unteren Luftschichten bewirkt wird, auch eine Anreicherung in den höheren Luftschichten bedingen muß.

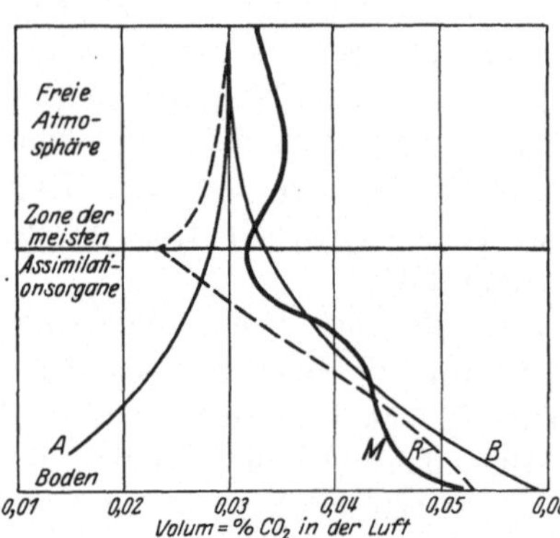

Abb. 12.   Reinaus Kurven der CO_2-Verteilung.

Reinau (37) hat eine hübsche kurvenmäßige Zusammenstellung gemacht, wie sich der Gehalt in den verschiedenen Höhen eines Pflanzenbestandes nach den verschiedenen Forschern ändern soll (Abb. 12).

Die alte Schule, neuerdings noch Mitscherlich und Lemmermann, nimmt an, daß die von der Pflanze verbrauchte CO_2 aus der atmosphärischen Luft stammt. Der Gehalt müßte also wegen des Entzugs durch die Assimilation nach unten hin abnehmen (A). Bornemann ist der Ansicht, daß die verarbeitete CO_2 ganz aus dem Boden stammt; also muß der CO_2-Gehalt von unten nach oben abnehmen (B). Reinau hat durch Messungen oberhalb, zwischen und unterhalb der Zone der meisten Assimilationsorgane festgestellt, daß der Gehalt oben und unten größer ist, und zwar am meisten unterhalb. Er nimmt an, daß die Kurven des CO_2-Gehalts von oben und von unten sich in der Gegend der Blätter in einem spitzen Winkel schneiden (R).

Nach meinen Messungen, die in verschiedenen Höhen innerhalb der Blätterzonen sowie unter und über ihr vorgenommen wurden, habe ich gefunden, daß ein scharfer Knick, wie ihn Reinau annimmt, wenigstens im Walde nicht vorkommt. Die beiden Kurven gehen vielmehr in einem Bogen ineinander über (M). Darin stimmen Reinaus und meine Untersuchungen überein, daß von oben und von unten her CO_2 zu den Blättern abfließt, und zwar von unten mehr.

3. Diffusion, Wind und vertikale Luftströmungen.

Für die Bewegungen der Kohlensäure in der Bestandesluft kommen als Ursachen in Betracht die Diffusion und Massenbewegungen, also horizontale Winde und senkrechte Luftströmungen. Der Diffusionskoeffizient, d. i. diejenige CO_2-Menge, welche bei einem Konzentrationsgefälle von 0,001 % oder 1 : 100000 in einer Stunde auf einer Fläche von 1 qm um 1 m wandert, beträgt 0,13 g. Bei einem gleichbleibenden Gefälle von 0,03 % zwischen dem Boden und den in 20 m Höhe befindlichen Blättern, d. i. ein Gefälle von 1,5 : 100000 je 1 m, würden also in einer Stunde $\frac{30 \cdot 0{,}13}{20} = 0{,}19$ g CO_2 je Quadratmeter zu den Blättern gelangen. Der Boden entwickelt aber in dieser Zeit etwa 0,4 g je 1 qm. Also selbst bei einem so großen Gefälle, wie es in obigem Beispiel angenommen wurde, aber in der Natur nie beobachtet ist, reicht die Diffusion nicht aus, um nur die Hälfte der produzierten CO_2-Menge am Boden wegzuschaffen. Es müßte sich also eine an CO_2 viel reichere Grundschicht der Bestandesluft bilden, als sie durch die Bestimmungen je gefunden wurde. Im allgemeinen ist das Gefälle viel kleiner, und man wird, wie es auch Lundegårdh tut, die Diffusion als von geringerer Bedeutung ansehen können. Darum müssen Luftströmungen in der Senkrechten die entscheidende Rolle spielen. In Pflanzenbeständen, etwa in einem Kornfeld, in denen unter Umständen jegliche horizontale und vertikale Luftbewegung fehlt, ist die Diffusion allerdings das einzige Mittel für den Transport der CO_2.

Reinau (36) spricht für landwirtschaftlich genutzte Flächen allein der Diffusion eine Bedeutung zu, während er die Wirkung des Windes als sehr gering ansieht, insbesondere da seine Geschwindigkeit z. B. alsbald nach dem Eintritt in ein Kornfeld sehr bald stark nachläßt. Er nimmt ferner (36 S. 227) an, daß für die Waldbäume die Windgeschwindigkeit mit Rücksicht auf die Deckung des CO_2-Bedarfs wohl unwesentlich sei. Auch Lundegårdh (27 S. 22 und 227) meint, daß die schwachen Windstöße zwischen den Stämmen keine vollständige Umrührung der Luft bewirken könnten. Bei horizontaler Bewegung des Windes, so sagt er, gleiten die Schichten verschiedener CO_2-Konzentration nur den Boden entlang; die Veränderungen in Vertikalrichtung sind in diesem Falle unbedeutend.

Ich kann mich auf Grund meiner Ergebnisse Reinaus und Lundegårdhs Ansicht nicht anschließen. In großen gleichmäßigen Beständen der Ebenen ohne Unterstand mag das zutreffen, daß nur ein seitliches Verschieben der Luftschichten ohne Umrührung durch den Wind stattfindet. In unseren aus kleineren ungleich hohen Teilen zusammengesetzten Beständen, abwechselnd Altholz und Jungwuchs oder Unterstand ist das anders. Der horizontal streichende Wind wird an jedem Bestandesrand, an jeder Jungwuchsgruppe, wahrscheinlich sogar an jedem Stamm abgelenkt, und zwar auch nach oben oder unten. Je stärker der Wind, um so stärker wird die Umrührung sein.

Bei der Durchsicht meiner Zahlen findet sich, daß sich Werte des CO_2-Gehalts in 1,5 m Höhe von mehr als 0,050 % mit einer Ausnahme nur bei völliger Windstille oder ganz geringer Luftbewegung ergaben. Die Ausnahme lag im Bestand II am 24. 11., als ein SW-Wind von 1,5 m/sec Geschwindigkeit Luft aus dem voll entlaubten, also nicht mehr verbrauchenden benachbarten Buchenaltholz herveiführte. Sonst bewirkte stärkere Luftbewegung immer ein rasches Abfallen des CO_2-Gehalts nach oben und eine an sich niedrigere Konzentration. Windmessungen in den Beständen II und XVI b mit Hilfe der Türme ergaben, daß die Windstärke oben zwischen den Kronen wesentlich niedriger ist als in 1,5 m Höhe. Im Durchschnitt besaß der Wind zwischen den Kronen knapp 30 % von der Stärke in 1,5 m Höhe, ein Umstand, der auf das Zweckmäßige des Unterbaues zur Abschwächung des Windes hinweist.

Um die Wirkung eines Windschirms festzustellen, wurden im Bestand XII drei 1,5 · 1 m große Mistbeetfenster so zusammengesetzt, daß ein dreiseitiges 1,5 m hohes Prisma entstand, in dem nach guter Abdichtung an den Kanten keine Luftbewegung stattfinden konnte. Es wurden nach einigen Tagen innerhalb und außerhalb dieses Fensterdreiecks in gleichen Höhen Messungen gemacht, wobei darauf gesehen wurde, daß auch bei der Probeentnahme zwischen den Fenstern keine Luftbewegung entstand. Dabei zeigte es sich, daß tatsächlich der CO_2-Gehalt der Luft im Fensterdreieck höher ist als unmittelbar daneben draußen (s. Tab. 24, Versuche 199—220, 242—260). Es fand sich bei etwa 20 Messungen in allen Höhen innerhalb 3—30 %, im Durchschnitt 15 % CO_2 mehr als außerhalb des Fensterdreiecks in den gleichen Höhen.

Es ist schon darauf hingewiesen worden, daß die niedrigsten Werte der CO_2-Konzentration zwischen den assimilierenden Blättern sich an windstillen Tagen fanden. Ich stimme daher Lundegårdh (27 S. 227) bei, wenn er sagt, daß am vorteilhaftesten ein leiser Zug durch den Wald sei, wodurch die an einer Stelle zum Überfluß produzierte CO_2 einem anderen Ort mit größerem CO_2-Bedarf zugute kommen kann. Stärkerer Wind muß meines Erachtens jedoch schaden. Auch ein zahlenmäßiger Beleg für den durch den Wind bewirkten Schaden kann nach meinen Untersuchungen angegeben werden, und zwar durch Vergleich der in der Tab. 16 angegebenen Festmeterwerte des Minderertrags (Spalte 9) mit der dazugehörigen gemessenen durchschnittlichen Windstärke (Spalte 11). Es ist jedoch zu beachten, daß die Mindererträge teils in Festmeter Laubholz, teils in Festmeter Nadelholz ausgedrückt sind; es ist daher Umrechnung nach einer Holzart, z. B. Nadelholz, erforderlich. Da Laubholz 700 kg, Nadelholz nur 500 kg wiegt, beim Laubholz 45 %, beim Nadelholz nur 40 % der Assimilate in Holz angelegt werden (s. S. 121 und 123), so sind die Laubholzfestmeterzahlen mit $\frac{700 \cdot 40}{500 \cdot 45} = 1{,}244$ zu multiplizieren, um aus ihnen Nadelholzfestmeter zu bekommen (s. Tab. 16, Spalte 10). Stellt man die so erhaltenen Zahlen nach der zugehörigen Windstärke zusammen, so ergibt sich folgende Reihe:

Nr. der Fläche	Durch= schnittliche Windstärke m/sec	Minderertrag fm	Nr. der Fläche	Durch= schnittliche Windstärke m/sec	Minderertrag fm
VIII	0,9	5,1	IX	0,2	3,9
XVII	0,8	5,3	XVIa	0,2	2,1
XVIb	0,8	4,4	X	0,15	1,7
II	0,8	3,2 } 4,2	XII	0,1	0,3
V	0,7	3,1	IV	< 0,1	0,9
XV	0,5	4,3	VI	< 0,1	0,5

Es zeigt sich, daß auf den Flächen mit stärkerem Wind der Minder=
ertrag im Durchschnitt fast viermal so groß ist wie auf den Flächen
mit wenig Wind. Die Fläche IX fällt aus der Reihe heraus; nach
meiner durch den häufigen Besuch der Fläche gewonnenen An=
schauung glaube ich mich zu der Annahme berechtigt, daß die zu=
fällig erhaltene mittlere Windstärke von 0,2 nicht dem großen Durch=
schnitt entspricht, daß vielmehr eine größere durchschnittliche Wind=
stärke bei zahlreicheren Messungen hätte gefunden werden müssen.

Bei den Überlegungen betreffs des Windes habe ich voraus=
gesetzt, daß er dann zur Wirkung gelangt, wenn eine Ablenkung
in der Vertikalen erfolgt ist. Diese senkrechten Luftströmungen, die
das Umrühren der einzelnen Luftschichten besorgen, können aber
außer durch Ablenkung des Windes auch durch die Erwärmung des
Bodens entstehen. Sobald der Boden durch die Sonnenstrahlung
höhere Temperatur annimmt, teilt er die Erwärmung der Grund=
schicht der Bestandesluft mit. Diese dehnt sich aus, wird leichter
und steigt in die Höhe. Dadurch führt sie die frisch aus dem Boden
ausgeströmte CO_2 den CO_2=armen Luftschichten und den Assi=
milationsorganen zu. Dieser Vorgang bewirkt bei Windstille in der
Hauptsache, daß sich nicht eine Schicht mit außerordentlich hohem
CO_2=Gehalt dicht über dem Boden ablagert und das Ausdiffundieren
der CO_2 aus der Bodenluft hindert, sondern daß die gleichmäßige,
ununterbrochene Zufuhr des wichtigsten Baustoffs Kohlenstoff zu
den Pflanzen ermöglicht wird.

6. Einfluß waldbaulicher Maßnahmen auf den Kohlenstoff= haushalt eines Bestandes.

Es wird der Einfluß verschiedener waldbaulicher Maßnahmen zu
betrachten sein 1. auf die CO_2=Produktion des Bodens und 2. auf
die CO_2=Ausnutzung durch den Bestand unter besonderer Berück=

sichtigung des Windes. Die Bodenatmung ist, wie schon dargelegt, abhängig von der Wärme, der Feuchtigkeit, dem Bodenzustand, welcher zum Teil durch den Säuregrad ausgedrückt wird, der Menge der Organsubstanz in und auf dem Boden und der Bodendecke.

1. Laub= und Nadelholz.

Stellt man nach der Tab. 15 die Werte der durchschnittlichen täg=lichen CO_2=Produktion des Bodens in Laubholzbeständen und in Nadelholzbeständen zusammen, so ergeben sich folgende Durch=schnittszahlen:

Laubholz		Nadelholz	
Reihe	% von XII	Reihe	% von XII
V	133	II	83
VIII	75	III	140
IX	71	IV	85
X	96 } 98%	VI	107 } 97%
XII	100 } mf ± 20,1	XV	95 } mf ± 22,2
XVI a	108	XVII	71
XVI b	101		

Es zeigt sich also, daß bei sehr hohen mittleren Schwankungen kein Unterschied zwischen Laubholz= und Nadelholzbeständen in der CO_2=Produktion besteht.

Stellt man nach der Tab. 16 die nach Festmeter=Nadelholz aus=gedrückten Mindererträge (Spalte 9 und 10) für Laubholz und für Nadelholz wie folgt zusammen:

Laubholz		Nadelholz	
Reihe	Mindererträge	Reihe	Mindererträge
VIII	5,1	XVII	5,3
XVI b	4,4	XV	4,3
IX	3,9	II	3,2 } 2,8 fm
V	3,1 } 2,9 fm	IV	0,9
XVI a	2,1	VI	0,3
X	1,6		
XII	0,3		

so ergibt sich, daß auch in der Ausnutzung der vom Boden zu=geführten CO_2 durch den Bestand kein Unterschied besteht.

2. Junge und alte Bestände.

Reiht man ebenso für junge Bestände unter 40 Jahren und alte Bestände über 40 Jahren nach der Tab. 15 die Werte der durch=

schnittlichen täglichen Bodenatmung aneinander, so ergeben sich folgende Durchschnitte:

Jünger als 40 Jahre		Älter als 40 Jahre	
Reihe	% von XII	Reihe	% von XII
III	140	II	83
IV	85	V	133
VI	107	VIII	75
X	96	IX	71
XII	100	XV	95
		XVIa	108
		XVIb	101
		XVII	71

Jünger: 106 % mf $\pm$ 20,4. Älter: 92 % mf $\pm$ 23,5.

Obgleich die CO_2-Produktion in den jüngeren Beständen etwas größer zu sein scheint, ist man nicht dazu berechtigt, mit Sicherheit diesen Schluß zu ziehen. Man darf nämlich nicht übersehen, daß die mittleren Schwankungen viel größer sind als der durchschnittliche Unterschied zwischen jungen und alten Beständen. Dieser Unterschied kann rein zufällig zustande gekommen sein, zumal einer von 5 jungen Beständen unter dem Durchschnitt der Altbestände und 2 von 7 Altbeständen über dem Durchschnitt der Jungbestände liegen.

In Jungbeständen kommt wegen des dichten Schlusses wenig Wärme auf den Boden, also weniger Bodenatmung, dagegen ist in der Regel der Bodenzustand günstig und die Menge der Streu verhältnismäßig groß, also mehr Bodenatmung. Betreffs der Feuchtigkeit werden Plus und Minus sich die Wage halten: das dichte Kronendach behält ziemlich viel Regen zurück, andererseits hindert es eine rasche Austrocknung durch den Wind.

Die Ausnutzung der vom Boden abgegebenen CO_2 ist in Jungbeständen viel besser, was aus folgender Zusammenstellung (vgl. Tab. 16, Spalte 9 und 10) erhellt.

Jünger als 40 Jahre		Älter als 40 Jahre	
Reihe	Mindererträge	Reihe	Mindererträge
III	?	II	3,2
IV	0,9	V	3,1
VI	0,5	VIII	5,1
X	1,6	IX	3,9
XII	0,3	XV	4,3
		XVIa	2,1
		XVIb	4,4
		XVII	5,3

Jünger: 0,8 fm. Älter: 3,9 fm.

Das ist bedingt durch die geringere Entführung an CO_2, da, wie
auch meine Messungen ergeben haben (s. Tab. 16, Spalte 11), nur
sehr viel weniger Wind in den Jungebeständen herrscht.

3. Mischbestände.

Bei diesen ist, besonders bei stammweiser Mischung, die Auswahl
zueinander passender Holzarten sehr wichtig. Es ist erforderlich,
daß zwischen Holzarten mit dichtem Kronenschluß solche dazwischen
gemischt sind, die das Zutreten von mehr Wärme zur Bodendecke
ermöglichen und ebenfalls mehr Feuchtigkeit zum Boden gelangen
lassen. Der Bodenzustand, soweit er sich in der Azidität ausdrückt
(s. Anhang), wird dann gebessert, und es ist mit einer Steigerung
der Bodenatmung zu rechnen. Allerdings verhindert unter un=
günstigen Verhältnissen wie in Neubruchhausen die sonst günstige
Mischung Kiefer und Buche nicht die Anhäufung von Rohhumus
und Bildung von Trockentorf (s. auch I S. 57), also ein Zeichen,
daß die Zersetzung nicht stark genug war. Dagegen findet sich nie=
mals Trockentorf unter Lärchen. Es ist zu vermuten (Messungen
liegen meines Wissens darüber nicht vor), daß die einzelnen Holz=
arten sich unterscheiden nach der Dauer, die für die Zersetzung
ihrer Blättern und Nadeln erforderlich ist. In einem Laub= oder
Nadelgemisch zweier Holzarten würden also durch die raschere Zer=
setzung der Abfälle der einen Hohlräume entstehen, die für die
Zersetzung der gesamten Streumenge förderlich sind.

Über die Ausnutzung der Bodenkohlensäure in gemischten Be=
ständen kann ich keine zahlenmäßigen Angaben machen, da ich nur
in Eichen= und Buchenmischbeständen gearbeitet habe. Es ist aber
anzunehmen, daß wegen des nicht gleichmäßig horizontalen Kronen=
schlusses der meisten Mischbestände weniger Wind im Bestande
herrscht und deshalb ein geringerer Minderertrag als in reinen ent=
steht. Bei horstweiser Mischung oder Gruppenmischung wird das
noch mehr in Erscheinung treten.

4. Kronenschluß.

Ein locker geschlossenes Kronendach wird an warmen sonnigen
Tagen viel Wärme an den Boden gelangen lassen und damit die
Bodenatmung erhöhen; in kalten Nächten wird dagegen die Zer=
setzung geschädigt dadurch, daß sich die Laubdecke rasch abkühlt.
Bezüglich der Wärme dürfte das Plus jedoch überwiegen. Eben=

falls läßt ein lockerer Bestandesschluß mehr Wasser auf den Boden kommen, gestattet jedoch wiederum ein schnelles Abtrocknen durch Wind und Sonne. Der Bodenzustand leidet oftmals durch Verangerung (z. B. Segge oder Heide), die als Konkurrenten für die vom Boden abgegebene CO_2 auftreten. Die Zersetzung der jährlich abfallenden Streu erfolgt in den ersten Sommermonaten rasch und gibt täglich verhältnismäßig viel CO_2; später ist jedoch dadurch ein Mangel an organischer Substanz in und auf dem Boden bedingt, so daß die tägliche Bodenatmung stark zurückgeht (vgl. Reihe V S. 112). Nimmt man an, daß die Menge der Assimilationsorgane in einem lockeren Bestand die gleiche sei wie in einem dicht geschlossenen, so wird in dem ersteren ein größerer Minderertrag wegen des stärkeren Windes eintreten. Wenn jedoch die Menge der Assimilationsorgane, vielleicht wegen der größeren Kronenmenge, wesentlich größer ist, so kann dadurch die Schädigung durch den stärkeren Wind gegenüber einem dichten Bestand ausgeglichen werden.

Der Einfluß eines dichtgeschlossenen Bestandes ergibt sich aus obigem; er wirkt nach jeder Richtung entgegengesetzt. Besonders ist er dazu geeignet, eine Anhäufung von Rohhumus zu erzeugen dadurch, daß er die normale Zersetzung der Streu zurückhält.

Der Gegensatz zu dem sog. „Trockenschuppen", ein senkrechter Bestandesschluß, wie er am besten in dem Ideal des Plenterwaldes zum Ausdruck kommt, hat seine große Bedeutung durch die weitgehende Erhaltung der Luftruhe im Bestand. Ähnlich dem Plenterwald wirken die Bestandesbilder einer Hochdurchforstung unter Schonung des Unterdrückten, des Michaelisschen, Erdmannschen und v. Kalitschschen Zwei-Etagen-Waldes, eines Wechsels von Altholz und Jungholz in Horsten und Gruppen und von Unterbau. Ihr Einfluß auf die Bodenatmung wird örtlich sehr wechseln; stets aber schalten sie den Wind in hohem Maße aus und ermöglichen dadurch eine bessere Ausnutzung der vom Boden erzeugten CO_2. Das ergeben auch meine Bestimmungen: Stellt man diejenigen Probeflächen, die einen senkrechten Bestandesschluß haben, und diejenigen, bei denen er fehlt, mit den aus Tab. 16 Spalte 9 und 10 entnommenen Mindererträgen zusammen, so erhält man einen weit niedrigeren durchschnittlichen Minderertrag in den Beständen mit senkrechtem Kronenschluß. Dies dürfte eine Quelle sein zur exakten Entscheidung der zur Zeit noch strittigen Frage: Unter-, Zwischenstand oder nicht?

Senkrechter Bestandesschluß				
vorhanden			fehlt	
Reihe	Mindererträge		Reihe	Mindererträge
III	?		II	3,2
IV	0,9		V	3,1
VI	0,5	0,8 fm	VIII	5,1
X	1,6		IX	3,9
XII	0,3		XV	4,3 3,9 fm
			XVIa	2,1
			XVIb	4,4
			XVII	5,3

5. Reifigdeckung.

Das Belassen allen schwächeren Reifigs am Boden wird auf die Temperaturveränderungen etwas ausgleichend wirken. Sehr bedeutsam ist es für die gleichmäßige Feuchterhaltung der ganzen Bodendecke, wodurch dem Bestand unmittelbar genützt, aber auch die CO_2-Produktion erhöht wird. Die Bodendecke bekommt eine lockere Lagerung, die reichlich den zur Zersetzung nötigen Sauerstoff an allen Stellen hinzutreten läßt und die oberste Bodenschicht gleichfalls günstig beeinflußt, wofür Bärenthoren überzeugende Beispiele bietet. Am wichtigsten ist aber, daß das liegenbleibende Reifig selbst in CO_2 übergeführt wird und die Menge der organischen zersetzbaren Substanz erhöht. Weiter hindert es ein Verwehen des Laubes, das es durch sein Gewicht und seine Sperrigkeit festhält. Die Wirkung einer Reifigdeckung auf den Bestand beruht gleichzeitig auf einer Besserung der physikalischen Bodeneigenschaften, besonders der Wasserhaltung, und auf einer Erhöhung der zur Verarbeitung zur Verfügung gestellten CO_2-Menge. Aus dem Zusammenwirken von Wasser und CO_2 in verschiedenem Grade erklären sich die Bärenthorener Zuwachserfolge; auf einer Versuchsfläche (IV D) mit größerem Zuwachs, aber geringerer CO_2-Abgabe mag der Erfolg mehr durch die bessere Wasserhaltung bedingt sein.

6. Bodenbearbeitung.

Aus den Untersuchungen des Jahres 1923 (I S. 48f.) in Neubruchhausen ist der Schluß zu ziehen, daß die Erdmannsche Behandlung der mit Trockentorf bedeckten Bestandesflächen dadurch, daß der Trockentorf abgeräumt und zu Dämmen zusammengeworfen wird, eine Erhöhung der CO_2-Abgabe auf der gesamten Fläche bewirkt. Dabei bleibt das im Trockentorf festgelegte wertvolle Kohlenstoffkapital dem Walde erhalten und wird dem Bestand allmählich zugeführt, während gleichzeitig die Möglichkeit einer Verjüngung geschaffen ist.

Die Hohenlübbichower Bestimmungen (I S. 69 f.) zeigen, daß eine Bodenbearbeitung, wie sie von Herrn v. Keudell in verschiedener Art vorgenommen wird, eine recht ansehnliche Erhöhung der CO_2-Produktion zur Folge hat. Nur auf fast humusfreien Flächen (I S. 76) hat eine weitere Bodenbearbeitung vom Standpunkt der Kohlenstoffversorgung aus keinen Zweck, da es an dem Ausgangsmaterial für die CO_2-Bildung fehlt (f. a. S. 107 f.).

Über die Wirkung einer Kalkdüngung gibt der Trockentorfversuch (f. S. 118) für das Klima Nordwestdeutschlands einige Auskunft. Sie vermindert zunächst die Azidität, wenn auch nach einiger Zeit wieder mit einer Zunahme der Säure zu rechnen ist. Damit kann für die erste Zeit eine Besserung der physikalischen und biologischen Bodeneigenschaften angenommen werden, insonderheit bekommen die Zersetzungsbakterien eine ihnen mehr zusagende Reaktion der Bodenflüssigkeit. Es zeigte sich dementsprechend auch eine Steigerung der CO_2-Abgabe der mit Kalk gedüngten Trockentorffelder.

Der Zusatz von Guanol, also eine Düngung mit Bakterien, bewirkte ebenfalls eine stärkere Zersetzung. Ein abschließendes Urteil über diese Art der Bodenbesserung zu fällen, ist noch nicht möglich; mir scheint jedoch das Verfahren, durch edel gezüchtete Bakterien eine schnellere Zersetzung von ungesunden Rohhumusablagerungen zu versuchen, recht aussichtsreich und dürfte eingehender Beachtung wert sein.

7. CO_2 und Ertragsklasse.

Bei den jungen Beständen im Hohenlübbichower Revier (I S. 69) geht mit der durch die Bodenbearbeitung erhöhten CO_2-Abgabe ein so überragend günstiges Wachstum einher, daß dieses sicher zu einem überwiegenden Teil auf die bessere Kohlenstoffernährung zurückzuführen ist. Hier findet sich demnach eine direkte Beziehung zwischen CO_2 und Bestandesleistung.

Bei allen älteren Beständen ergibt sich die derzeitige Ertragsklasse als Ausdruck aller derjenigen Standortsfaktoren, welche in der langen Zeit seit der Begründung oft wechselnd, teils förderlich, teils schädlich gewirkt haben. Es kann also nicht wundernehmen, daß die jetzt in diesen Beständen zahlenmäßig erfaßten Werte der CO_2-Abgabe oder der CO_2-Verteilung in der Bestandesluft in keiner unmittelbaren Parallele zur Ertragsklasse stehen; denn sie haben natürlich in den Jahrzehnten vorher sich oftmals erheblich geändert. Wie sie damals gewesen sind, kann man höchstens bei Beständen, deren Geschichte sehr genau feststeht, nach den Erfahrungen, die jetzt in ähnlichen Bestandesbildern gesammelt wurden, vermuten.

7. Ergebnisse und Folgerungen.

1. Wie bei landwirtschaftlichen Nutzpflanzen ist auch für die Waldbäume gesteigerte Assimilationsleistung durch höhere CO_2-Konzentration als erwiesen anzusehen.

2. Es wird für Bestimmungen der CO_2-Abgabe des Bodens das Bornemann-Meineckesche Verfahren (Kalilaugenabsorption) gegenüber dem Lundegårdhschen (f. S. 98) empfohlen.

3. Während eines Tages schwankt die CO_2-Abgabe im gleichen Bestande stark. Die Schwankung kann mehr als das Doppelte des kleinsten Wertes (f. Reihe XII, 15./16. 7. und 6./7. 8.) erreichen.

4. Im gleichen Bestand schwankt auch die CO_2-Abgabe des Bodens während der Vegetationszeit in weiten Grenzen. In der Regel steigt sie vom April bis zum Juli und sinkt dann langsam. Für den Einzelbestand ergibt sich infolge seiner besonderen Verfassung oft eine abweichende Entwicklung: Die CO_2-Menge ist teils im Frühjahr, teils im Herbst größer. Deshalb sind für Vergleiche verschiedener Probeflächen Messungen während der ganzen Vegetationszeit erforderlich.

5. Die Schwankungen sind in erster Linie bedingt durch die Wärme, danach durch die Feuchtigkeit. Zu große wie zu geringe Feuchtigkeit wirkt hemmend. Andere Witterungsfaktoren, wie ein Wechsel im Luftdruck u. a., spielen keine Rolle. Sehr wichtig für die CO_2-Erzeugung ist die Menge der zersetzbaren organischen Substanz in und auf dem Boden.

6. Die Menge der vom Boden abgegebenen CO_2 ist in allen Beständen größer als die vom Bestand verbrauchte (f. auch 19).

7. In Beständen mit guter Zersetzung beträgt nach meinen Untersuchungen aus den Jahren 1922—1924 die Bodenatmung während der Vegetationszeit im Mittel etwa 10 g je 1 qm täglich oder 0,4 g je 1 qm in einer Stunde.

8. Der CO_2-Gehalt in der Waldluft ist höher als im Freien. Als ungefährer Durchschnitt kommt die Merkzahl 0,04 % in Frage. Ich fand ein Maximum aller meiner Bestimmungen von 0,081 % und ein Minimum von 0,0205 %.

9. Der CO_2-Gehalt irgendeiner Stelle der Waldluft ist abhängig:

a) von der CO_2-Produktion des Bodens,

b) von dem CO_2-Entzug durch die Assimilation oder

c) von der CO_2-Zufuhr durch die Atmung der Baumkronen,

d) von den Luftbewegungen parallel und senkrecht zum Erdboden und

e) wo Luftbewegungen fehlen, von der Diffusion. In der Regel wirken mehrere dieser Bedingungen gleichzeitig und in wechselnder Stärke.

10. Regelmäßig findet sich im Bestande nahe dem Boden mehr CO_2 als in höheren Luftschichten. Manchmal jedoch ist der Gehalt in der Nähe des Bodens niedriger als in 1,5 m Höhe. Vielleicht besteht ein Zusammenhang dieser Erscheinung mit dem Wassergehalt der Bodendecke; eine Erklärung dafür ist nicht gefunden.

11. Von 1,5 m bis zur Krone fällt der CO_2-Gehalt. Eine Ausnahme tritt zeitweilig ein, wenn die Blätter sehr stark CO_2 ausatmen.

12. In der Krone selbst ist ausnahmslos ein steiles Abfallen der CO_2-Konzentration bis zur Zone der meisten Assimilationsorgane festzustellen; darüber steigt der CO_2-Gehalt wieder zu dem der Luft über den Kronen.

13. Der CO_2-Gehalt unter den Kronen ist höher als über ihnen; daher wird in der Regel die meiste CO_2 zur Assimilation aus der Bestandesluft, d. h. von unten, genommen. Manchmal ist ein durchgehendes Abfallen bis in die freie Luft zu beobachten; dann stammt die gesamte verbrauchte CO_2 von unten.

14. Ausnahmen von 13: Der tiefste Punkt der Kurve liegt bei wenig Assimilation und großer CO_2-Produktion höher als die Mitte der Krone. Der tiefste Punkt derselben liegt tiefer als die Mitte der Krone bei starker Assimilation und geringer Zufuhr von unten wegen Windstille, besonders bei geringer Bodenatmung. Die Kurve verläuft ausnahmsweise umgekehrt, d. h. der höchste Gehalt findet sich zwischen den Kronen an der Stelle des regelmäßigen Minimums, bei starker Atmung der Blätter.

15. Der festgestellte CO_2-Entzug innerhalb der Krone, zwischen den Assimilationsorganen, ist zweifellos durch die Assimilation bedingt; denn im kahlen Laubwald verläuft die Kurve gestreckt, nicht jedoch bei gleicher Jahreszeit im Nadelholzbestand.

16. Die Bestandesluft enthält mehr CO_2 als 0,03%; der Überschuß stammt aus dem Boden. Wird die CO_2-Erzeugung des Bodens vergrößert, so ist dadurch auch ein weiterer Überschuß bedingt. Wenn der Gehalt über den Kronen größer als 0,03% ist, so stammt in Waldgebieten dieses Mehr gegenüber dem Durchschnitt der freien Atmosphäre aus dem Boden. Der Bestand deckt ausnahmsweise einen Teil seines Bedarfs an CO_2 aus der freien Atmosphäre über dem Bestande, wenn der Gehalt zwischen den Assimilationsorganen unter 0,03% sinkt.

17. Es besteht kein gleichbleibender, eindeutig nachweisbarer Unterschied in der CO_2-Abgabe und im CO_2-Gehalt zwischen Laubholz- und Nadelholzbeständen oder zwischen Jungbestand und Altholz. Die Ausnutzung der vom Boden abgegebenen CO_2-Mengen ist in Laubholz- und Nadelholzbeständen gleich, in Jungbeständen besser als im Altholz. Reisigdeckung und Bodenbearbeitung erhöhen die CO_2-Abgabe.

18. Die Wirkung der Diffusion ist für den Ausgleich im CO_2-Gehalt zwischen den verschiedenen Luftschichten gering. Die tiefsten CO_2-Werte wurden an einzelnen Meßorten bei völliger Windstille beobachtet, weil dann die Diffusion allein die ergänzende Zufuhr nötiger CO_2 nicht zu schaffen vermag. Vorteilhaft ist für Verteilung der örtlichen Mehrproduktion an Kohlensäure ein leiser Zug durch den Wald.

19. Der Wind bewirkt in der Regel eine Herabsetzung des CO_2-Gehalts. Künstliche und natürliche Windschirme schaffen einen höheren Gehalt im Bestande. Die Differenz zwischen den vom Boden abgegebenen CO_2-Mengen und den vom Bestand im Zuwachs festgelegten und für die Streu, die Wurzelbildung und die Wurzelatmung benötigten Mengen steigt und fällt mit der durchschnittlichen Stärke des Windes. Deshalb ist ein senkrechter Bestandesschluß, Unterbau, Zwischenstand, Hochdurchforstung, die alle die Kraft des Windes brechen, für eine gute Ausnutzung der vom Boden erzeugten Kohlensäure zu fordern.

Beitrag zur Frage der Bearbeitung ostdeutscher Sandböden.
(Unter besonderer Berücksichtigung der Wittichschen Untersuchungen.)

Längere Zeit nach Abschluß meiner Untersuchungen ist die Veröffentlichung Wittichs: „Untersuchungen über den Einfluß intensiver Bodenbearbeitung auf Hohenlübbichower und Biesenthaler Sandböden" (50) herausgekommen und mir bekanntgeworden. Da Wittich in Hohenlübbichow unter den gleichen Verhältnissen, zum Teil sogar auf den gleichen Probeflächen seine Untersuchungen angestellt hat wie ich vorher im Jahre 1923, ist es von Interesse, seine Ergebnisse und die meiner Kohlensäurebestimmungen zu vergleichen.

Wittich hat Untersuchungen ausgeführt über den Stickstoffhaushalt (Nitrat-, Nitrit- und Ammoniakbildung), über Azidität, Wasserhaushalt, physikalische Struktur und über die Bodenflora der bearbeiteten Sandböden und dann den Einfluß der Bearbeitung auf das Bestandeswachstum verfolgt. Er unterscheidet zwischen zwei grundverschiedenen Bodentypen von Sandböden, dem Heidetyp, welcher, bedingt durch andere klimatische Verhältnisse, zu Rohhumusbildung neigt, also reich, meist zu reich an organischen Stoffen ist, und dem Grastyp, dem im mehr kontinentalen Klima vorherrschenden Sandboden mit rascher Zersetzung der organischen Substanz. Von vornherein beschränkt er seine Untersuchungen auf den Grastyp und verwahrt sich gegen Verallgemeinerungen, vor dem Übertragen seiner Untersuchungsergebnisse auf Sandböden eines anderen als des Grastyps. In diesem klaren Betonen der großen Unterschiede waldbaulicher Verhältnisse sehe ich einen großen Vorzug seiner Arbeit.

Aus ähnlichen Gedankengängen heraus, wie ich sie im Vorwort dieses Buches ausgesprochen habe, verzichtet auch Wittich auf eine allzu große Genauigkeit und erstrebt eine möglichst umfassende Beachtung aller Faktoren des Einzelversuchs. Allerdings verzichtet er dabei auch auf das Untersuchen am natürlich gelagerten, „gewachsenen" Boden, worauf ich gerade größten Wert legen zu müssen glaubte. Trotz all der Schwierigkeiten, die mit dem Probeentnehmen aus den richtigen Bodentiefen, dem Absieben, dem willkürlichen Einstellen auf einen bestimmten Wassergehalt, dem mehrwöchentlichen Lagern bei willkürlich gewählter erhöhter Temperatur und den dadurch bedingten starken Änderungen der biologischen Vorgänge zusammenhängen, trotz der großen Mindestfehlergrenze bei der Ammoniakbestimmung (6%) und trotz mancher anderer Abweichungen von den natürlichen Verhältnissen muß man anerkennen, daß der hohe Grad der Wahrscheinlichkeit paralleler Verhältnisse im natürlichen Boden eine Übertragung der künstlich erhaltenen Ergebnisse auf diesen zuläßt.

Wittich kommt, was den meisten seiner Leser überraschend erscheinen wird, vom Standpunkt der Stickstoffversorgung zu einer Verwerfung der Bodenbearbeitung auf Böden des von ihm untersuchten Grastyps. Er findet nämlich, daß die Stickstoffernährung ziemlich nahe dem Optimum ist, und daß daher ihre Verbesserung nur eine verhältnismäßig geringe Wachstumssteigerung hervorbringen kann. Nun stellt er auf fast allen bearbeiteten Böden eine geringe Steigerung der Nitratbildung fest; er findet aber zugleich, daß einen weit größeren Einfluß eine bessere Wärmezufuhr auszuüben vermag, der gegenüber der Einfluß der Bearbeitung zurücktritt. Vom Standpunkt der Stickstoffernährung ist demnach eine Bearbeitung unwesentlich und unnötig. Die Azidität wird durch Bearbeitung herabgesetzt infolge der (als gering angesehenen!) Beschleunigung der Humuszersetzung. Die Bearbeitung bewirkt eine allerdings nicht lange anhaltende Erhöhung des Wasserhaltungsvermögens der obersten Bodenschicht auch während trockener Zeiten, dagegen wird das Wasseraufnahmevermögen nur unwesentlich berührt. Eine nachhaltige Wirkung der Bodenbearbeitung im späteren Bestandesalter wird bestritten.

Wie verhalten sich diese Ergebnisse zu den Ergebnissen meiner Kohlensäureuntersuchungen? Zunächst sei darauf hingewiesen, daß Wittich auf die Humuszersetzung nur Rückschlüsse zieht nach dem Säuregrad und nach der Nitratbildung, während mein Verfahren der Messung der CO_2, des Endproduktes der Zersetzung, eine direkte Messung der Zersetzung ermöglicht. Dadurch kommt er zu schiefen Ergebnissen, wenn er sagt, daß die Zersetzungssteigerung nach Bearbeitung nicht so groß sei, wie allgemein angenommen würde. Daß das Gegenteil der Fall ist, ergibt sich aus meinen Untersuchungen. Diese haben überall dort, wo zersetzbare organische Substanz in größerer Menge vorhanden ist, eine wesentliche Steigerung der Zersetzung infolge der Bearbeitung ganz übereinstimmend gezeigt. Ich glaube, daß Wittichs irrige Ansicht gelegentlich zur Verwirrung des klaren Bildes in seiner Arbeit geführt hat.

Im Bestand sollte nicht gearbeitet werden, fordert Wittich; wichtiger sei es, dem Boden mehr Wärme zuzuführen. Alle meine Untersuchungen haben ergeben, daß auf die Zersetzungsintensität in erster Linie die Temperatur von Einfluß ist. Es decken sich also Wittichs und meine Ergebnisse in dieser Beziehung. Aber trotzdem rede ich neben einer maßvollen Lichtung einer Bearbeitung in den Beständen das Wort. Wenn vielleicht auch vom Standpunkt der Stickstoffernährung nach Wittichs Untersuchungen eine Bodenbearbeitung keinen Erfolg mehr verspricht, auch dem Wassergehalt und der Azidität nur in beschränktem Umfange zugute kommt, so bewirkt sie doch eine beachtliche Steigerung der CO_2=Zufuhr. Gerade in einem richtig gelichteten Bestand kann auch die CO_2 von diesem unmittelbar ausgenutzt werden. Außerdem ergibt die Erhöhung der einmal in den Kohlenstoffkreislauf des Bestandes einbezogenen Menge CO_2 von selbst wieder eine laufende Vermehrung der zersetzbaren Bestandesabfälle. Hat man sich erst einmal auf Grund dieser Erwägungen für eine Bodenbearbeitung im Bestand entschieden, so kann nicht zweifelhaft sein, daß dann die Bearbeitung auf ganzer Fläche das Erstrebenswerteste ist, denn, genügenden Lichteinfall vorausgesetzt, ergibt sie keine Verschlechterung der Stickstoff= und Wasserernährung, wohl aber eine Verbesserung der Kohlenstoffernährung. Selbstverständlich darf die Zersetzung durch zu intensive Bearbeitung nicht so weit gesteigert werden, daß der für einen günstigen physikalischen Bodenzustand erforderliche Humusgehalt in Frage gestellt wird.

Bezüglich der Zweckmäßigkeit einer intensiven Bearbeitung auf der Freifläche decken sich unsere Anschauungen durchaus. Man muß dabei streng trennen in Freiland mit größeren Mengen zersetzbarer organischer Substanz, toter sowie lebender (Graswuchs), am Boden und in Freiland, bei dem organische Substanz nur in geringer Menge vorhanden ist. Auf Böden des Grastyps ist Freiland mit größeren Mengen organischer Substanz entweder ein frischer Kahlschlag oder eine stark vergraste Fläche.

Für kürzere Zeit erscheint ein Kahlschlag durchaus erwünscht, weil er eine starke Erhöhung der Stickstoffbildung aus den Resten des Altbestandes ermöglicht, wie Wittich festgestellt hat, daneben aber auch die Kohlensäureabgabe wegen der stärkeren Erwärmung erheblich steigern muß. Um beides zu fördern, gleichzeitig das Wasserhaltungsvermögen zu erhöhen und eine doch allmählich eintretende Verange=

rung zu vermeiden, kann man mit Erfolg eine intensive Bearbeitung vornehmen. Nur dieses soll man beachten: daß ein Jungbestand rechtzeitig begründet wurde, der die ihm optimal gebotenen Nährstoffe auch wirklich verwerten kann, Stickstoff und Wasser mit den Wurzeln, Kohlensäure mit den Blättern oder Nadeln. Unter dieser Voraussetzung wird man auch die Bearbeitung auf der gesamten Fläche einer streifenweisen Bearbeitung vorziehen.

Auf stark vergrasten Freiflächen ist es zunächst nötig, für den neu zu begründenden Bestand den sehr lästigen Konkurrenten, das Gras, zu beseitigen. Bei dieser ersten Bodenbearbeitung wird je nach dem Grade der Zerkleinerung und der Mischung eine starke Zersetzung und somit CO_2- und N-Bildung erzielt, von der der Jungbestand doch nur den allergeringsten Teil ausnützen kann, während die Hauptmengen nutzlos verkommen. Das sich immer wieder erneut einstellende Gras muß einige Jahre hindurch noch regelmäßig durch intensive Bearbeitung beseitigt werden. Mit dem Heranwachsen des Jungbestandes wird dieser immer mehr die hierbei verfügbar werdenden Nährstoffe aufnehmen können. Aber die Umsetzung eines ursprünglichen Humusüberflusses geht recht schnell vor sich, so daß in wenigen Jahren nur noch die Menge vorhanden ist, die für das spätere Bestandesleben erhalten bleiben sollte. Meine Untersuchungen haben gezeigt, daß 8—14 Tage nach einer intensiven Bodenbearbeitung die Zersetzung ihr Maximum erreicht hat und sehr bald infolge Aufzehrung der zersetzbaren Substanz stark zurückgeht. Ich machte daher den Vorschlag, auf diesen graswüchsigen Freiflächen eine Bearbeitung in Streifen vorzunehmen, auf diesen Streifen nach Begründung des Bestandes das Gras weiter zu bekämpfen und erst nach einigen Jahren die anfänglich stehengebliebenen Zwischenstreifen in Angriff zu nehmen, deren Graswuchs dem Jungbestand bisher noch keinen Schaden zufügen konnte, deren Zersetzungsprodukte ihm jetzt aber gut zustatten kommen können. Es freut mich, daß, unabhängig voneinander, Wittich zu dem gleichen Vorschlage gekommen ist. Wieweit diesem theoretisch besten Verfahren praktische Hindernisse entgegenstehen, müßte der Versuch lehren.

Auf Freiflächen ohne größere Mengen zersetzbarer Substanz, wie sie im Osten nicht selten sind, muß man darauf bedacht sein, das im Humus enthaltene Nährstoffkapital nicht zu vergeuden und seinen günstigen Einfluß auf die physikalischen Bodeneigenschaften nicht auszuschalten. Wittichs Untersuchungen haben ergeben, daß schon ohne Bearbeitung die verfügbare Stickstoffmenge auf Freiflächen wesentlich größer ist als im Bestand, so daß also eine weitere Steigerung unnütz wäre.   Wenn auch eine Bearbeitung eine ganz vorübergehende Herabsetzung der Humuszersetzung in CO_2 gezeitigt hat, so folgt doch bald eine Steigerung über das ursprüngliche Maß hinaus, die von dem erst kürzlich begründeten Bestand noch nicht verwertet werden kann.   Der einzige Nutzen der Bearbeitung liegt in der Verbesserung des Wasserhaushalts; es wird für kürzere Zeit eine Erhöhung des Wasserhaltungsvermögens erzielt.   Braucht man eine intensive Bearbeitung nicht etwa zur Bekämpfung schädlichen Unkrautwuchses, so sollte man unter Berücksichtigung der Tatsachen, daß die Bearbeitung der Nährstoff= (C+N=) Versorgung schädlich, der Wasserversorgung nützlich ist, nur zur Vermeidung zu erwartender Trockenheitsschäden vorsichtigen Gebrauch von ihr machen.

Nach meinen Erfahrungen bei Untersuchung der Kohlensäureabgabe und nach den Ergebnissen der Arbeit Wittichs komme ich also für Böden des Grastyps zu folgenden Schlüssen: Im Bestande ist maßvolle Bearbeitung auf voller Fläche zu empfehlen.   Auf Kahlschlägen ist Bearbeitung so lange zu unterlassen, bis ein aufnahmefähiger Jungbestand vorhanden ist; dann aber ist Bearbeitung auf voller Fläche angezeigt.   Auf Freilandflächen mit starkem Graswuchs ist zu „fraktionierter" intensiver Bearbeitung zu raten, d. h. zuerst Bearbeitung auf Streifen, auf denen der Jungbestand zu begründen und durch neues Bearbeiten zu pflegen ist, und erst nach einigen Jahren intensive Bearbeitung der Zwischenstreifen.   Auf humusarmen, nicht zu Graswuchs neigenden Freilandflächen ist Bearbeitung zu vermeiden oder nur in geringem Ausmaße zur Verbesserung der Wasserhaltung vorzunehmen.   Diese Vorschläge beziehen sich nur auf Böden des Grastyps, Böden des Heidetyps und zu Rohhumusbildung neigende Böden sind anders zu beurteilen.

Ob wirklich die jetzt als theoretisch zweckmäßig erscheinende Boden- und Jungbestandsbehandlung für die Dauer von Erfolg sein wird, vermag man heute noch nicht zu beurteilen.   Die Zuwachsmessungen Wittichs und die daran geknüpften Berechnungen mögen ein geschickter Versuch sein, schon vorzeitig einem Urteil näherzukommen; sie erscheinen mir aber noch nicht beweiskräftig.   Sein deduktiver Schluß, daß keine höheren Zukunftserträge zu erwarten seien, hat einen großen Fehler. Wittich geht davon aus, daß die Leistungen bestimmt seien durch die Faktoren Stickstoff und Wasser.   Er vergißt, die Energiefaktoren Wärme und Licht einzusetzen, und übersieht den wichtigsten (50%!) Baustoff der Pflanze, den Kohlenstoff. Nachdem vorher gesagt wurde, daß die Stickstoffernährung fast stets optimum-nahe befunden wurde, ist auf sie keine große Rücksicht mehr zu neh-men. Wo aber feststeht, daß durch intensive Bearbeitung die Wasser- und die Kohlenstoffversorgung verbessert werden, erstere scheinbar nur für kürzere Zeit, letztere, soweit bisher nach meinen Unter-suchungen zu übersehen ist, bis in ein höheres Bestandesalter hin-ein, kann man eher mit der Wahrscheinlichkeit eines dauernden Er-folges rechnen als mit dem Gegenteil.

So schließe ich diese Betrachtung mit der Hoffnung, daß das in seiner Größe allseitig bewunderte Werk Hohenlübbichower Boden-arbeit seinem Schöpfer reichen Segens die Fülle bringen möge.

Anhang.

Boden= und Bestandsbeschreibungen.
Gahrenberg 1924.

Die Untersuchungen wurden angestellt in der zum Reinhardts=
wald gehörenden Oberförsterei Gahrenberg bei Hann. Münden, auf
den zur Fulda und Weser abfallenden Osthängen in 150—250 m
über NN, Förstereien Wildhaus und Glashütte. Das Grundgestein
ist in allen Fällen mittlerer Buntsandstein (Sm_1).

Reihe I. Auf der oberen Plattform des Tillyschanzenturms.
Distr. 20a, 5 m über den Kronen des alten Eichen= und Buchen=
bestandes; steiler Ostabfall zur Fulda gegenüber der Stadt Münden.

Reihe II, Distr. 20 b. Nach SO sanft geneigt, mitteltiefgründig,
steinig; etwas Brombeere; dichte Nadeldecke; 5—7 cm Trockentorf;
10 cm hellgelbbrauner sandiger Lehm, sehr dicht, schwach humus=
farbig; darunter sandiger Lehm; Wurzelverlauf hauptsächlich oben.
pH = 4,5. Fichten 93jährig, 0,3 I, 0,7 II, 0,7 geschlossen (Ertrags=
klasse und Vollbestandsfaktor beziehen sich stets auf die Ertrags=
tafel von Gehrhardt 1923), rückgängig, Höhe 31 m, Kronenansatz
21 m.

Reihe III, Distr. 19 b. Lehner bis mäßig steiler ONO=Hang, mittel=
tiefgründig, steinig. Zwischen dichtem Fichtenjungwuchs Farne,
Polytrichum, Hypnum, Brombeere; sehr geringe Nadeldecke; 4 cm
Trockentorf; sandiger Lehm, 9 cm schwach humusgefärbt, darunter
hellgraurot; starke Durchwurzelung oben. pH = 4,5. Bis 15jäh=
rige, 1—1,5 m hohe dichte Fichten=Naturverjüngung mit 93jährigen
32 m hohen Fichtenüberhältern, Kronenlänge $^2/_5$.

Reihe IV, Distr. 18 b, S=Ecke. Nach ONO sanft geneigt, mittel=
tiefgründig, wenig Steine. Nadeln und Reisig; 4—8 cm tief=
schwarzer, scharf abgesetzter Rohhumus; hellrotbrauner sandiger
Lehm, oben locker und schwach humusgefärbt; Wurzeln nur flach
streichend. pH = 4,2. 25jähriger geschlossener Fichtenhorst aus
Naturverjüngung, mittlere Höhe 6 m, Kronenansatz 2 m.

Reihe V, Distr. 27a. Fast eben, mitteltiefgründig, frisch, wenig Steine. Luzula und Polytrichum; Eichen= und Buchenlaub; 1,5 cm Rohhumus; 14 cm kräftig humusgefärbter, hellgelbbrauner sandiger Lehm, mäßig locker; 21 cm gleichmäßig hellgelbbraun; darunter sehr dicht, hellbraunrot mit gelben Flecken und Bändern; Wurzel= verlauf gleichmäßig. pH = 5,2. 71jährige Eichen I.—II. (0,6) und 68jährige Buchen II. (0,4), 0,8 geschlossen, 23,5 m hoch, Kronen= länge $^1/_2$.

Reihe VI, Distr. 17d. Sanfter NO=Hang, flach bis mitteltief, etwas steinig, meist mäßig frisch mit einzelnen nassen, vermooren= den Stellen. Nadeln und Reisig; 7—10 cm Trockentorf, braun= schwarz, scharf abgesetzt; hellgelbbrauner lehmiger Sand, oben stark humusgefärbt; Wurzelverlauf meist oben. pH = 4,2. 35jährige Fichten I. aus Pflanzung, 0,7 geschlossen, teilweise lückig, 16 m hoch, Kronenansatz 6 m.

Reihe VII. Wie VI an einer lückigen Bestandesstelle.

Reihe VIII, Distr. 17c. Lehner bis steiler NO=Hang, mitteltief bis tief, meist frisch. Schafschwingel, Buchenlaub; 4—5 cm Moder bis Trockentorf; hellgraubrauner lehmiger Sand, oben schwach humusgefärbt. Unterschicht dicht, hellgrau mit rostroten Flächen und Bändern. pH = 5,1. 158jährige Buchen II.—III. in Be= samungsschlagstellung (0,4 geschlossen), Höhe 30,5 m, Kronenansatz 16 m. Bestand nach SW freiliegend.

Reihe IX, Distr. 33a, SW. Sanfter bis lehner NO=Hang, tief= gründig, frisch, etwas steinig. Etwas Heidelbeere; Buchenlaub; 5 cm schwarzer Rohhumus; 9 cm dichter ausgebleichter hellgrauer, zum Teil humusgeschwärzter sandiger Lehm; scharf abgesetzt 25 cm dunkelgelbbraun, eisenschüssig; Unterschicht dichter sandiger Ton, hellgrau mit rostroten Bändern, Grundwasserführung, keine Wur= zeln. pH = 5,0. 172jährige Buchen III.—IV., 0,6 geschlossen, Höhe 26 m, Kronenlängen $^2/_5$.

Reihe X, Distr. 40a. Fast eben oder sanft nach NO geneigt, mitteltief, etwas steinig, Buchenlaub; lockerer hellbrauner sandiger Lehm, oben schwach humusgefärbt. pH = 5,2. Geschlossene 25jäh= rige Buchen=Naturverjüngung mit etwas jüngeren, einzeln ein= gesprengten Lärchen, Höhe 5—6 m, Lärche 1—2 m höher, unterste Blätter $^1/_2$ m.

Reihe XII, Distr. 45a. Standardfläche. Sanfter O=Hang, mittel= tief, steinig, ziemlich frisch. Buchen= und Eichenlaub; 1 cm Mull;

hellgelbbrauner, sehr lockerer sandiger Lehm, oben schwach humus=
gefärbt; offenbar recht günstiger Bodenzustand. pH = 5,2. 38jäh=
rige Eichen und Buchen (II) mit einzelnen Birken und Lärchen,
0,8 geschlossen, Höhe 17 m, Kronenansatz 7 m.

Reihe XIV, Distr. 45 a. Fehlstelle in Buchenverjüngung, einzelne
Schirmbäume 1923 geräumt. Nach S sanft geneigt, tiefgründig,
ohne Steine, trocken, ausgehagert. Kahl oder Grasfilz: Luzula,
Schafschwingel, Fingerhut, Polytrichum; 3—4 cm kohliger Trocken=
torf; 10 cm stark ausgebleichter, zum Teil humusgeschwärzter san=
diger Lehm; 22 cm gleichmäßig hellbraun, ziemlich locker; Unter=
schicht dichter Lehm, hellbraun mit rostbraunen Flecken. pH = 5,0.

Reihe XV, Distr. 44 a$_2$. Von W nach O streichende, nach S lehn bis
steil abfallende Nase, tiefgründig ohne Steine, mäßig frisch, typisch
für erkrankten Fichtenboden. Nadeldecke; 9 cm Trockentorf; 11 cm
sandiger Lehm, stark humusgefärbt, etwas ausgebleicht; 21 cm
gleichmäßig hellgelbbraun, mäßig locker; darunter hellgrau, dicht,
mit rostbraunen Flecken. pH = 4,8. 68jährige Fichten I.—II., 0,5
geschlossen, Höhe 25,5 m, Kronenlänge $^1/_4$.

Reihe XVI a, Distr. 44 a$_1$ (Osten). Lehner O=Hang, mitteltief bis
tief, ohne Steine, meist frisch. Oxalis, vereinzelt Polytrichum;
Buchenlaub; sehr dichter hellbrauner Lehm mit helleren und dunk=
leren Flecken und Bändern, oben schwach humusgefärbt. pH = 5,2.
103jährige Buchen II., 0,9 geschlossen, Höhe 28 m, Kronenlänge $^1/_3$.
Letzte Durchforstung Winter 1923/24.

Reihe XVI b, Distr. 44 a$_1$ (Norden). Lage und Boden wie XVI a.
pH = 4,8. 103jährige Buchen III., 0,7 geschlossen, 23 m hoch,
Kronenansatz 12 m; Bestand nach W freiliegend.

Reihe XVII, Distr. 43 c. Steiler S=Hang, mitteltief bis flach=
gründig, steinig, trocken. Heidelbeere und Leucobrium glaucum;
Nadeldecke; 7 cm lockerer Rohhumus; 8 cm humusgefärbter sandiger
Lehm; darunter scharf abgesetzt hellgelbbraun. Viele Wurzeln dicht
unter dem Rohhumus. pH = 4,8. 118jährige Kiefern II., voll
geschlossen, Höhe 26,5 m, Kronenlänge $^1/_3$.

Tabelle 14.

Niederschlagsmengen, gemessen in der Ob.-F. Gahrenberg.

1924	Mai	Juni	Juli	August	Sept.	Okt.	Nov.	
1.		0,3			19,6		18,9	
2.		0,5	2,0	1,3	6,5		0,3	
3.		1,4	13,5	2,0	0,8		0,5	
4.			4,9	0,9	3,0			
5.		1,4		1,5	4,9	3,1		
6.			3,2					
7.				11,1				
8.		3,8		15,1	1,4		0,1	
9.		4,2			21,6			
10.					6,0			
11.								
12.				13,7				
13.		14,0	19,3	9,7				
14.		4,9		19,0				
15.	3,7			3,6				
16.			13,8	11,0	8,4			
17.			0,5	3,4	1,3			
18.	4,8		2,8	5,8				
19.		11,8	3,9	18,3		1,2		
20.	1,5	32,8		5,4	2,1	4,0		
21.				0,6	7,4	0,8		
22.	1,3		19,7	3,4	0,7	15,7		
23.	1,2		3,2	5,9	0,4			
24.	7,6		4,6	11,8	17,9			
25.	2,9		6,3	3,1	1,3			
26.	4,3	4,9	19,9	1,2	18,9	1,3		
27.	7,1		0,6	7,6	10,2	0,9		
28.			0,4	0,6		5,1		
29.			10,5			1,4		
30.	0,2		0,5	6,2		2,7		
31.		—		23.1	—	13,2		
im Monat		70,0	129,6	185,3	132,4	49,4		mm
tägl. Durch-schnitt	2,2[1])	2,3	4,2	6,0	4,4	1,6	1,3[2])	mm

[1]) Zweite Monatshälfte.
[2]) Erste Monatshälfte.

Tabelle 15.

Zusammenstellung der an gleichen Tagen gefundenen Bodenatmungswerte. Vergleich derselben mit den Standardwerten (*Verhältniszahlen*). Die *schrägen Verhältniszahlen* sind durch direkten, die kleinen durch indirekten Vergleich mit den Werten der Reihe XII erhalten.

Reihe	Durchschnitts-Verhältnis	2. 6.	6. 6.	23. 6.	25. 6.	27. 6.	2. 8.	4. 9.	2. 10.	3. 10.	4. 10.	17. 10.	27. 10.	5. 11.	10. 11.
II	83										5,2 84				3,8 81
III	140	6,7 167		11,4 94							8,8 143				
IV	85	3,4		10,3			10,0 80	11,2			6,4 103				3,6 76
V	132	6,7 167		15,2 127						7,3 75					(2,4)
VI	107				9,9 105		13,3	8,6							5,1 109
VIII	75				3,9 45		10,8 80			9,8 100				(5,6) (157)	
IX	71				5,9 67		10,6			7,4 75					
X	96				8,5					9,4 96				3,5 97	
XII	100		3,9 100-			9,6 100	11,8 100		10,4 100	9,8 100	6,2 100	6,8 100	5,2 100	3,6 100	4,7 100
XIV	220		13,5 345			20,3 212			13,1 126					7,0 195	
XV	95								6,4 62			8,7 129			
XVIa	108					10,3 107						7,5 110			
XVIb	101								6,5 62			7,3 107	7,0 (134		
XVII	71								7,3 70			4,9 72			

Anm.: Die Zahl V, 10. 11. ist nicht berücksichtigt, da der Boden bereift war, nicht jedoch auch in XII. Die Zahl VIII, 5. 11. ist nicht berücksichtigt, weil der hohe CO_2-Wert nach dem Laubabfall nicht mehr vom Bestand aufgenommen werden kann.

Tabelle 16.

Reihe	Distrikt	Holzart, Alter	Ertragsklasse nach Gehrhardt 1923	Vollbestandsfaktor im Vergleich zu Gehrhardt 1923	Laufender Zuwachs an Derbholz u. Reisig nach den Ertragstafeln fm	Wirklicher Zuwachs an Derbholz u. Reisig (Vollbestandsfaktor × laufender Zuwachs gemäß Ertragstafeln) fm	Möglicher Zuwachs gemäß CO_2-Produktion des Bodens fm	Möglicher Mehrertrag = Minderertrag fm	Nadelholz = Laubholz × 1.244 fm	Durchschnittliche Windstärke in 1,5 m Höhe m/sec	Gründe für Minderleistung
1	2	3	4	5	6	7	8	9	10	11	
II	20b	Fichte 93jährig	0,3 I 0,7 II	0,7	10,1	7,1	10,3	3,2		0,8	Wind, Trockentorf
III	19b	Fichte 15jährig		(1,0)							
IV	18b	Fichte 25jährig	II	(1,0)	9,7	9,7	10,6	0,9		<0,1	kaum Wind, kleiner Horst
V	27a	Bu. (0,4) u. Ei. (0,6) 68jährig, 71jährig	Bu. II Ei. I–II	0,8	9,5	7,6	10,1	2,5	3,1	0,7	Wind
VI	17d	Fichte 35jährig	I	(0,7)	18,3	12,8	13,3	0,5		<0,1	Trockentorf, oft vernäßt
VIII	17c	Buche 158jährig	II–III	0,4	4,0	1,6	5,7	4,1	5,1	0,9	viel Wind, nach S frei, Alter, vergrast
IX	33a	Buche 172jährig	III–IV	0,6	3,9	2,3	5,4	3,1	3,9	(0,2)?	Wind?, Alter, Kronenlänge ¹/₄ Höhe, ausgehagert
X	40a	Buche 25jährig	II	(1,0)	6,0*)	6,0	7,3	1,3	1,6	0,15	
XII	45a	Eiche u. Buche 38jährig	II	0,8	9,2	7,4	7,65	0,2	0,3	0,1	
XV	44a₂	Fichte 68jährig	I–II	0,5	15,0	7,5	11,8	4,3		0,5	Südhang, Schlucht mit ständigem Wind, Trockentorf
XVIa	44a₁ O	Buche 103jährig	II	0,9	7,3	6,6	8,3	1,7	2,1	0,2	mäßiger Wind
XVIb	44a₂ N	Buche 103jährig	III	0,7	6,0	4,2	7,7	3,5	4,4	0,8	starker Wind, teils Verwehung des Laubes
XVII	43c	Kiefer 118jährig	II	1,0	3,5	3,5	8,8	5,3		0,8	steiler Südhang, ständig Wind und starke Temp.-Strömung, zieml. flachgründig, Kronenlänge ¹/₆ Höhe

*) Nach Gehrhardt 1924 (Festschrift 1924). Diese Angaben und die daraus abgeleiteten Zahlen dürften wegen der großen Mannigfaltigkeit junger Bestände ziemlich unsicher sein.

Tabelle 17.

Reihe I. Auf dem Tillyschanzen-Turm.

Ver-suchs-Nr.	entnommen		Luft-temp.	Wind-		Sonne	Bewölkung	Feuchte %	Vol.-% CO_2	
	am	um	°C	Rich-tung	Stärke m/sec					
26	27. 5.	7^{25}	15,5	NO	0,6	0	0		0,046	
28									0,042	
29	1. 6.	4^{35}	22	S		4	1		0,0425	} Diff. 0,0005%
30	2. 6.	4^{45}	12,5	W		1	4		0,037	} Diff. 0
31									0,037	
70	6. 6.	1^{20}	14,5	SW	1,0	4	0		0,032	
105	20. 6.	2^{00}	25	O	2,0	3	2		0,044	
107	23. 6.	4^{05}	17,5	O	2–3	4	1		0,0315	
125	25. 6.	3^{50}	17	O	3–4	4	3		0,046	
126									0,046	} Diff. 0
145	27. 6.	3^{20}	25	S	3–4	3	2		0,043	
146									0,043	} Diff. 0
181	11. 7.	2^{05}	21,5	NO	3	1	4		0,0445	
280	2. 8.	1^{55}	22	SW	3,5	4	1		0,040	
301	16. 8.	9^{15}	16	⟳	—	4	2	80	0,036	
316	22. 8.	9^{35}	13	SW	2,5	0	4	80	0,0415	

Tabelle 18. Reihe II, Distrikt 20b, 93jährige Fichten.

Versuchs-Nr.	entnommen am	entnommen um	Temp. Luft	Temp. Boden	Wind Richtung	Wind Stärke	Sonne	Bewölkung	Niederschlag	Feuchte	Bodenatmung g CO_2 je 1 qm in 1 Stb.	Bodenatmung g CO_2 je 1 qm in 24 Stb.	0,02	1,5	5,0	10,0	15,0	18,0	21,0	23,5	26,5	29,5	32,5
22–23	27. 5.	10^{37}-10^{45}	14,5	10,5	⟲	0.3	4	0					(0,088 ?)	(0,098 ?)										
33–34	2. 6.	5^{12}-5^{15}	11,5	11,5	W		1	4					0,051	0,044										
109–111	23. 6.	4^{35}-4^{40}	17	12	O	sehr schwach	4	1					0,0385	0,0525	0,032									
422–434	6. 9.	10^{00}-11^{50}	14	12,5	SW 21 m	0,6 0,2	0	4		90	0,27	6,5		0,041	0,031		0,0315	0,032	0,029	0,022	0,024		{0,030 0,030}
470–481	20. 9.	10^{00}-11^{15}	18,5	12	SW 21 m	1,3 0,4	4	0		83	0,25	5,9		0,039	0,039			0,038	0,037	0,0345		0,032	0,032
511–522	29. 9.	3^{10}-4^{20}	11,5	10,5	SW 21 m	0,6 0,4	4	0		82	0,29	6,8		0,047	0,039	0,039		0,0385	0,038	0,036	0,033		0,034
559–560	4. 10.	4^{55}-5^{15}	15	11	O	0,06	0	0		74	0,22	5,2		0,041									
637–638	10. 11.	12^{50}-1^{10}	5,5	5,5	N	0,6	4	0		85	0,16	3,8		0,046									
672–683	24. 11.	3^{40}-4^{30}	5,5	5	SW 21 m	1,5 0,1	4	0		95	0,07	1,7		0,055	0,054	0,052				0,048	0,045	0,043	0,045	0,049

Tabelle 19. Reihe III, Distrikt 19b, 15jährige Fichtennaturverjüngung mit 93jährigen Schirmbäumen.

Ver-suchs-Nr.	entnommen am	entnommen um	Temperatur Luft	Temperatur Boden	Wind Rich-tung	Wind Stärke m/sec	Sonne	Bewölkung	Niederschlag	Feuchte %	Boden-atmung g CO$_2$ je 1 qm in 1 Stb.	Boden-atmung g CO$_2$ je 1 qm in 24 Stb.	0,02	0,5	1,5	3,0	4,5	6,0	7,5	9,0	26,0
24–25	27. 5.	11^{10}–11^{15}	15	9,5	↺→	0,5	4	0					0,081		0,057						
36–40	2. 6.	5^{55}–6^{25}	10	13,5	W		1	4			0,28	6,7	0,028	0,049	0,038						
112–115	23. 6.	5^{10}–5^{30}	15	12	O	schwach	4	2			0,47	11,4	0,058		0,046			0,043			
185–186	11. 7.	3^{15}	21		NO	„	1	4							0,068						0,038
557–558	4. 10.	4^{25}–4^{45}	14	11	O	0,1	0	0		77	0,37	8,8			0,0405						

Volum-% CO$_2$, Höhe über dem Boden in m.

Reihe IV, Distrikt 18b, 25jähriger Fichtenhorst.

Ver-suchs-Nr.	entnommen am	entnommen um	Temperatur Luft	Temperatur Boden	Wind Rich-tung	Wind Stärke m/sec	Sonne	Bewölkung	Niederschlag	Feuchte %	Boden-atmung g CO$_2$ je 1 qm in 1 Stb.	Boden-atmung g CO$_2$ je 1 qm in 24 Stb.	0,02	0,5	1,5	3,0	4,5	6,0	7,5	9,0	26,0
41–44	2. 6.	6^{35}–7^{00}	10	11	W	< 0,1	0	4	leichter Regen				0,032					0,035			
116–120	23. 6.	5^{40}–6^{00}	12,5	11,5			4	1			0,43	10,3	0,036		0,045 0,0315*)		0,0435				
276–279	2. 8.	12^{57}–1^{25}	20,5	13	N	< 0,1	4	2		80	0,42	10,0	0,040		0,042			0,031			
302–306	16. 8.	9^{48}–10^{08}	15,5	12			4	1		95	0,365 0,356	8,75 8,54			0,032	0,032		0,033			
324–329	22. 8.	12^{15}–12^{30}	14,5		SW	< 0,1	0	4		85					0,049		0,031 0,034			0,0415 0,0435	
404–411	4. 9.	10^{28}–10^{48}	12,5	11,5	O	< 0,1	0	4		92	0,47	11,2	0,041		0,0355	0,0345	0,0355	0,0345		0,032	
523–528	29. 9.	5^{10}–5^{30}	10	9,5			0	0		100	0,20	4,9			0,038	0,035	0,036		0,040		
555–556	4. 10.	3^{56}–4^{16}	14	10,5			4	0		80	0,27	6,4			0,051						
635–636	10. 11.	12^{30}–12^{50}	3,5	6	W	< 0,1	4	0		100	0,15	3,6			0,036						

*) Lücke des Jungbestandes.

Tabelle 20. Reihe V, Diſtrikt 27a, 71jährige Eichen und 68jährige Buchen.

Ver= suchs= Nr.	entnommen		Tempe= ratur		Wind		Sonne	Bewölkung	Niederſchlag	Feuchte	Boden= atmung g CO_2 je 1 qm in		Volum=% CO_2 Höhe über dem Boden in m				
	am	um	Luft	Boden	Rich= tung	Stärke m/sec					1 Stb.	24 Stb.	0,02	1,50	6,00	9,00	16,00
45–48	2. 6.	7^{12}–7^{22}	8	12	W	ganz ſchwach	0	4	leichter Regen		0,28	6,7		0,022	0,036		
121–124	23. 6.	6^{20}–6^{40}	15	13,5	O	ſchwach	4	0			0,64	15,2	0,0555	0,038	0,021		
187–188	11. 7.	4^{00}	20,5		NO	„	3	3						0,039			0,044*)
274–275	2. 8.	12^{24}–12^{44}	20,5	14	N	0,5	4	0	}mittl. Regen	65			0,044	0,038			
307–315	19. 8.	10^{30}–12^{30}	11,5	11,5	SW	0,2	0	4		100	0,30	7,2		0,040			
							4	2			0,28	6,7					
											0,38	9,2					
			12								0,24	5,7		0,039			
			12,5	12			4	3			0,33	8,0					
											·0,31	7,4					
317–319	22. 8.	10^{40}–10^{50}	13		W	1,0	4	3		90				0,0415	0,040 0,0405		
551–552	3. 10.	6^{00}–6^{20}	11,5	10,5	SW	1,6	0	0		97	0,30	7,3		0,0425			
631–632	10. 11.	11^{40}–12^{00}	4,5	3,5	SO	0,3	4	0	Reif!	80	0,10	2,4		0,0405			

11*

*) Fehler bei der Probeentnahme durch Atemluft?

Tabelle 21. Reihe VI, Distrikt 17d, 35jährige Fichten.

Ver-suchs-Nr.	entnommen am	um	Temperatur Luft	Temperatur Boden	Wind Rich-tung	Wind Stärke m/sec	Sonne	Bewölkung	Niederschlag	Feuchte %	Boden-atmung g CO_2 je 1 qm in 1 Std.	24 Std.	Volum-% CO_2, Höhe über dem Boden in m 0,02	1,50	3,0 m	6,00	9,00	10,50	12,00	14,00	17,00
51–55	4. 6.	9^{45}–10^{15}	8,5	8,5			4	0			0,23	5,6	0,035	0,020 / 0,020 }?		0,047					
127–130	25. 6.	4^{15}–4^{35}	14,5	11			4	2			0,41	9,9	0,069	0,043		0,038					
270–272	2. 8.	11^{47}–12^{07}	18	13	SW	0,1	4	0		95	0,54	13,3	0,052			0,054					
320–323	22. 8.	11^{30}–11^{40}	13		W	0,15	3	3		100				0,043			0,036 / 0,0365				
332–342	26. 8.	11^{20}–12^{40}	12,5	10,5	W	<0,1	0	4		95	0,26*)	6,3		0,0415	0,039			0,037			0,039 / 0,038
412–421	4. 9.	11^{07}–11^{50}	12,5	11,5	SW	<0,1	0	4		100	0,36	8,6		0,027	0,026				0,0205		0,0235
633–634	10. 11.	12^{05}–12^{25}	3,5	5,5	O	0,1	4	0		100	0,21	5,1		0,038							

Reihe VII, dicht neben VI.

Ver-suchs-Nr.	entnommen am	um	Temperatur Luft	Temperatur Boden	Wind Rich-tung	Wind Stärke m/sec	Sonne	Bewölkung	Niederschlag	Feuchte %	Boden-atmung 1 Std.	24 Std.	0,02	1,50	6,00	9,00	10,50	12,00	14,00	17,00
341–346	26. 8.	12^{40}–1^{05}	12,5	10,5	W	<0,1	0	4		95					0,039	0,0355		0,0385	0,038 / 0,039	
375–377	30. 8.	5^{00}–5^{30}	12,5	11,5	W	<0,1	0	4	leichter bis mittl. Regen	100	0,46	11,6	0,039	0,039						

*) Durchschnitt aus vier Bestimmungen.

Tabelle 22. Reihe VIII, Distrikt 17c, 158jährige Buchen.

| Versuchs-Nr. | entnommen | | Temperatur | | Wind | | Sonne | Bewölkung | Feuchte | Bodenatmung g CO_2 je 1 qm in | | Volum-% CO_2 Höhe über dem Boden in m | | | |
	am	um	Luft	Boden	Richtung	Stärke m/sec				1 Stb.	24 Stb.	0,02	1,50	6,00	20,00
57–60	4. 6.	10^{25}–10^{45}	9,5	10	SW	1–2	4	0		0,10	2,4	0,030	0,047	0,047	
131–134	25. 6.	4^{54}–5^{14}	14,5	14	O	schwach	0	4		0,16	3,9	0,044	0,045	0,044	
189–190	11. 7.	4^{25}	20,5				0	4					0,041		0,037
266–268	2. 8.	11^{09}–11^{29}	20	15	W	1,1	4	0	65	0,45	10,8	0,040	0,040		
547–548	3. 10.	4^{50}–5^{10}	12	11,5	SW	0,8	0	0	95	0,41	9,8		0,0445		
627–628	5. 11.	12^{40}–1^{00}	4	7	N	0,2	4	0	100	0,24	5,6		0,0465		

Reihe IX, Distrikt 33a, 172jährige Buchen.

| Versuchs-Nr. | entnommen | | Temperatur | | Wind | | Sonne | Bewölkung | Feuchte | Bodenatmung g CO_2 je 1 qm in | | Volum-% CO_2 Höhe über dem Boden in m | | | |
	am	um	Luft	Boden	Richtung	Stärke m/sec				1 Stb.	24 Stb.	0,02	1,50	6,00	20,00
63–64	4. 6.	11^{15}–11^{20}	10	9,5	SW	schwach	4	0					0,034	0,044	
137–140	25. 6.	5^{46}–6^{26}	14,5	12,5	O	sehr schwach	3	3		0,25	5,9	0,049	0,051	0,039	
192–193	11. 7.	5^{00}	19				0	4					0,026		0,033*)
263–265	2. 8.	10^{38}–10^{58}	18,5	13	SW	0,3	4	0	77	0,44	10,6	0,036	0,041		
545–546	3. 10.	4^{18}–4^{38}	12,5	10,5	SW	0,05	0	0	90	0,31	7,4		0,0435		

*) Fehler bei der Probeentnahme durch Atemluft?

Tabelle 23. Reihe X, Distrikt 40a, 25jährige Buchen.

Versuchs-Nr.	entnommen		Temperatur		Wind		Sonne	Bewölkung	Feuchte %	Boden-atmung gCO$_2$ je 1 qm in		Volum-% CO$_2$ Höhe über dem Boden in m				
	am	um	Luft	Boden	Rich-tung	Stärke m/sec			%	1 Std.	24 Std.	0,02	1,50	3,00	4,50	7,50
65–68	4. 6.	11^{40}–12^{00}	13	10	W	schwach	4	0				0,037	0,0445		0,047*)	
101–104	20. 6.	12^{55}–1^{10}	23	14			1	4				0,053	0,051	0,073?	0,047*)	
141–144	25. 6.	6^{30}–6^{50}	12,5	11,5			4	3		0,35	8,5	0,043	0,042	0,053		
463–469	18. 9.	12^{10}–12^{30}	18	12,5	SW	$<$0,1	4	3	88	0,28	6,7	0,046	0,041	0,0385	0,036	0,0365
492–499	22. 9.	12^{06}–12^{30}	18	13,5	SW	0,4	0	4	88			0,041⎫ 0,043⎭		0,026	0,031	0,033⎫ 0,0335⎭
543–544	3. 10.	3^{44}–4^{04}	13	10,5	SW	$<$0,1	4	0	85	0,39	9,4		0,0505			
623–624	5. 11.	11^{50}–12^{10}	3,5	6,5	O	0,2	4	0	100	0,15	3,5		0,0465			

Reihe XIV, Distrikt 45a, Fehlstelle in Buchenverjüngung.

Versuchs-Nr.	entnommen		Temperatur		Wind		Sonne	Bewölkung	Feuchte %	Boden-atmung gCO$_2$ je 1 qm in		Volum-% CO$_2$ Höhe über dem Boden in m				
	am	um	Luft	Boden	Rich-tung	Stärke m/sec			%	1 Std.	24 Std.	0,02	1,50	3,00	4,50	7,50
75–77	6. 6.	2^{42}–3^{02}	14	19,5	SW	schwach	4	0		0,56	13,5	0,056	0,0335			
95–96	20. 6.	12^{10}–12^{15}	24	25,5	O	schwach	4	0				0,056	0,044			
151–153	27. 6.	4^{45}–5^{05}	24	19,5	S	mittel	3	3		0,84	20,3	0,0365	0,034			
531–532	2. 10.	4^{13}–4^{33}	13	15,5	SW	0,25	4	0	75	0,55	13,1		0,0475			
619–620	5. 11.	11^{10}–11^{30}	3	6	SO	0,65	4	0	100	0,29	7,0		0,046			

*) 5,00 m hoch; über den Bäumen.

Tabelle 24a. Reihe XII, Distrikt 45a, 38jähriger Eichen- und Buchenhorst.

Ver- suchs- Nr.	entnommen am	entnommen um	Tempe- ratur Luft	Tempe- ratur Boden	Wind Rich- tung	Wind Stärke m/sec	Sonne	Bewölkung	Niederschlag	Feuchte %	Boden- atmung g CO_2 je 1 qm in 1 Std.	24 Std.	Volum-% CO_2 — Höhe über dem Boden in m 0,02	0,20	0,50	1,00	1,50	6,00	10,00	
71–74	6. 6.	2^{17}–2^{37}	11	9	NO	schwach	4	0			0,16	3,9	0,0445				0,0395	0,0385		
97–100	20. 6.	12^{25}–12^{35}	23	15,5			0	4					0,050				0,047	0,038		
147–150	27. 6.	4^{17}–4^{40}	24	14,5	S	schwach	3	2			0,40	9,6	0,038				0,040	0,0395		
194–195	11. 7.	5^{40}	18,5			mittel	0	4									0,031		0,042*)	
196–198	15. 7.	6^{20}–6^{40}	16	13,5			4	0			0,49	11,8	0,060				0,042			
199–203	16. 7.	5^{24}–5^{44}	8,5	12,5	O	0,1	4	0			0,25	6,0	0,035	0,039	0,039		0,045	0,0355		im Fenster- dreieck
204–208	"	"											0,0365	0,044		0,041				
210–212	"	9^{00}–9^{20}	15,5	13	O	<0,1	4	0			0,40	9,5	0,030				0,035			
213–215	"	9^{00}–9^{20}											0,039		0,041		0,045			
216–218, 222	"	6^{55}–7^{15}	18	14,5	W	0,5	4	1	**)		0,51	12,2	0,037				0,039	0,037		
219–220	"	" "													0,033		*0,038*			
242–247, 253/54	29. 7.	4^{13}–4^{33}	16	13	O	<0,1	0	4			0,26	6,3	0,046	0,046	0,040	0,053	0,052	0,036		
248–252	"												0,050		0,044		0,057			
255–257, 261	"	7^{19}–7^{39}	11,5	13	W		0	4	***)		0,22	5,2	0,046				0,036	0,032		
258–260	"	" "											0,057		0,038		0,040			

*) Fehler bei der Probeentnahme durch Atmung?
**) Sehr sonniger Tag, wenig Wind.
***) Schwacher Regen nach einstündigem, sehr starken.

Tabelle 24b. Reihe XII, Distrikt 45a, 38jähriger Eichen- und Buchenhorst.

Bodenatmung g CO₂ je 1 qm in — Volum-% CO₂, Höhe über dem Boden in m.

Versuchs-Nr.	entnommen am	entnommen um	Temperatur Luft	Temperatur Boden	Wind Richtung	Wind Stärke m/sec	Sonne	Bewölkung	Niederschlag	Feuchte %	Bodenatmung 1 Std.	Bodenatmung 24 Std.	0,02	0,20	1,50	3,00	6,00	8,00	11,00	14,00	17,00	18,50	
281–283	6. 8.	11^{13}–11^{33}	18,5	13,5	W	0,1	4	1		95	0,51	12,2		0,029	0,027								im Fensterdreieck
285–287	"	4^{55}–5^{15}	18	14			4	2		95	0,33	8,0		0,041	0,043								
289–291	"	8^{56}–9^{16}	16	14	W	$<$0,1	0	0		95	0,39	9,3		0,026	0,040								
294–296	7. 8.	5^{28}–5^{48}	12,5	13			0	0	Nebel	100	0,35	8,5		0,037	0,033								
297–298	"	8^{48}–9^{08}	16,5	13,5	O	0,25	4	0		92	0,72	17,6		0,031	0,036								
349–356	27. 8.	4^{20}–5^{10}	11,5		W	$<$0,1	0	4	leichter Regen	100					0,041	0,0395	0,0385	0,037	0,0355		0,037 / 0,0365}		
357–367	29. 8.	9^{40}–10^{20}	13	11	SW	0,2	4	0		95	0,48	11,6	0,046	0,0475	0,038	0,038		0,038	0,037			0,037 / 0,035}	
395–402	1. 9.	6^{00}–7^{00}	13	12,5	SW	0,1	0	4		100	0,39	9,3			0,036	0,030	0,026			0,031	0,0315		
451–452	8. 9.	5^{30}–5^{50}	18,5	14,5	SW	0,07	4	1		95	0,48	11,4			0,027								
529–530	2. 10.	3^{45}–4^{05}	13,5	11	⟳	0,2	4	0		80	0,43	10,4			0,039								
541–542	3. 10.	3^{08}–3^{28}	12,5	10,5	SW	0,15	4	2		86	0,41	9,8			0,0465								
553–554	4. 10.	3^{00}–3^{20}	16	10,5	SO	0,5	4	0		67	0,26	6,2			0,046								
584–585	17. 10.	4^{58}–5^{18}	9	9	SW	0,9	0	4		95	0,28	6,8			0,042								
586–594	27. 10.	10^{40}–11^{30}	10,5	8	SW	0,8	0	4		95	0,22	5,2		0,043	0,046	0,0465	0,0465	0,0475	0,049	0,0505	0,0505		
621–622	5. 11.	11^{30}–11^{45}	4	6	SO	0,45	4	0		100	0,15	3,6			0,044								
629–630	10. 11.	11^{00}–11^{15}	4	5	NO	0,5	4	0		100	0,20	4,7			0,035								
663–671	15. 11.	10^{30}–11^{15}	−1,5	3	O	1,5	4	3		100	0,13	3,1			0,050	0,046	0,045	0,041	0,0375		0,037		

Tabelle 25. Reihe XVIa, Distrikt 44a, 103jährige Buchen.

Versuchs-Nr.	entnommen am	entnommen um	Temp. Luft	Temp. Boden	Wind Richtung	Wind Stärke m/sec	Sonne	Bewölkung	Feuchte %	Bodenatmung $g\,CO_2$ je 1 qm in 1 Std.	24 Std.	Volum-% CO_2 Höhe über dem Boden in m — 0,02	1,50	4,00	8,00	12,00	15,00	17,50	20,50	23,50	25,00
158–161	27. 6.	5^{57}–6^{17}	23	15,5	SW	sehr schwach	3	3		0,43	10,3	0,0365	0,035								
537–538	2. 10.	5^{54}–6^{14}	12	11	W	0,25	0	0	95	0,18	4,3		0,043								
576–577	17. 10.	3^{20}–3^{40}	11,5	10	SW	<0,1	0	4	85	0,31	7,5		0,043								

Reihe XVIb, wie XVIa, Norden.

Versuchs-Nr.	entnommen am	entnommen um	Temp. Luft	Temp. Boden	Wind Richtung	Wind Stärke m/sec	Sonne	Bewölkung	Feuchte %	Bodenatmung 1 Std.	24 Std.	0,02	1,50	4,00	8,00	12,00	15,00	17,50	20,50	23,50	25,00
384–393	1. 9.	4^{40}–5^{30}	14	12,5	SW	0,2	0	4	100				0,041		0,042		0,0385	0,037		0,0365	0,036
457–462	18. 9.	10^{30}–11^{40}	15,5	12,5	SW	1,2	2	4	95							0,046		0,043	0,036	0,038	0,0415
500–510	26. 9.	11^{10}–12^{00}	13	11	O 14 m	0,9 0,3	4	0	85	0,18	4,3		0,048	0,040	0,0345	0,034	0,042	19 m 0,046	22 m 0,045		0,0475 0,0475}
533–534	2. 10.	4^{41}–5^{01}	12,5	10,5	W	0,7	4	0	90	0,27	6,5		0,0385								
582–583	17. 10.	4^{24}–4^{44}	10	9,5	SW	0,55	0	4	92	0,30	7,3		0,046								
595–606	27. 10.	11^{45}–12^{30}	11,5	8	SW 14 m	1,2 1,1	4	3	95	0,29	7,0			0,0425		0,042	0,042	0,0415		0,039	

Tabelle 26. Reihe XV, Distrikt 44a, 68jährige Fichten.

| Versuchs-Nr. | entnommen | | Temperatur | | Wind | | Sonne | Bewölkung | Feuchte % | Bodenatmung g CO$_2$ je 1 qm in | | Volum-% CO$_2$ Höhe über dem Boden in m | | |
	am	um	Luft	Boden	Richtung	Stärke m/sec				1 Std.	24 Std.	0,02	1,50	6,00
79—82	6. 6.	3^{23}—3^{43}	12	12	NO	schwach	4	0				0,0465	0,062	0,062
92—94	20. 6.	11^{45}—11^{55}	23,5	18,5	SO	schwach	4	0				0,053	0,047	0,0325
154—157	27. 6.	5^{25}—5^{45}	23	14	SW	schwach	3	4				0,049		0,032
535—536	2. 10.	5^{05}—5^{25}	11,5	10,5	W	0,85	0	0	95	0,27	6,4		0,0395	
580—581	17. 10.	3^{56}—4^{16}	11,5	10	SW	< 0,1	0	4	92	0,36	8,7		0,040	

Reihe XVII, Distrikt 43c, 118jährige Kiefern, Südhang.

| Versuchs-Nr. | entnommen | | Temperatur | | Wind | | Sonne | Bewölkung | Feuchte % | Bodenatmung g CO$_2$ je 1 qm in | | Volum-% CO$_2$ Höhe über dem Boden in m | | |
	am	um	Luft	Boden	Richtung	Stärke m/sec				1 Std.	24 Std.	0,02	1,50	6,00
84—85	6. 6.	4^{20}—4^{30}	13,5	15,5	S	schwach	4	0				0,059	0,0315	
88—91	20. 6.	11^{45}—11^{55}	24	19,5	O	ganz schwach	3	3				0,043	0,035	0,033
163	27. 6.	6^{55}	22,5	17,5	W	schwach mittel	3	3				0,037		
539—540	2. 10.	6^{22}—6^{42}	12	11,5	N	0,1	0	0	92	0,30	7,3		0,042	
574—575	17. 10.	2^{42}—3^{02}	13	10,5	SW	1,5	0	4	80	0,20	4,8		0,047	

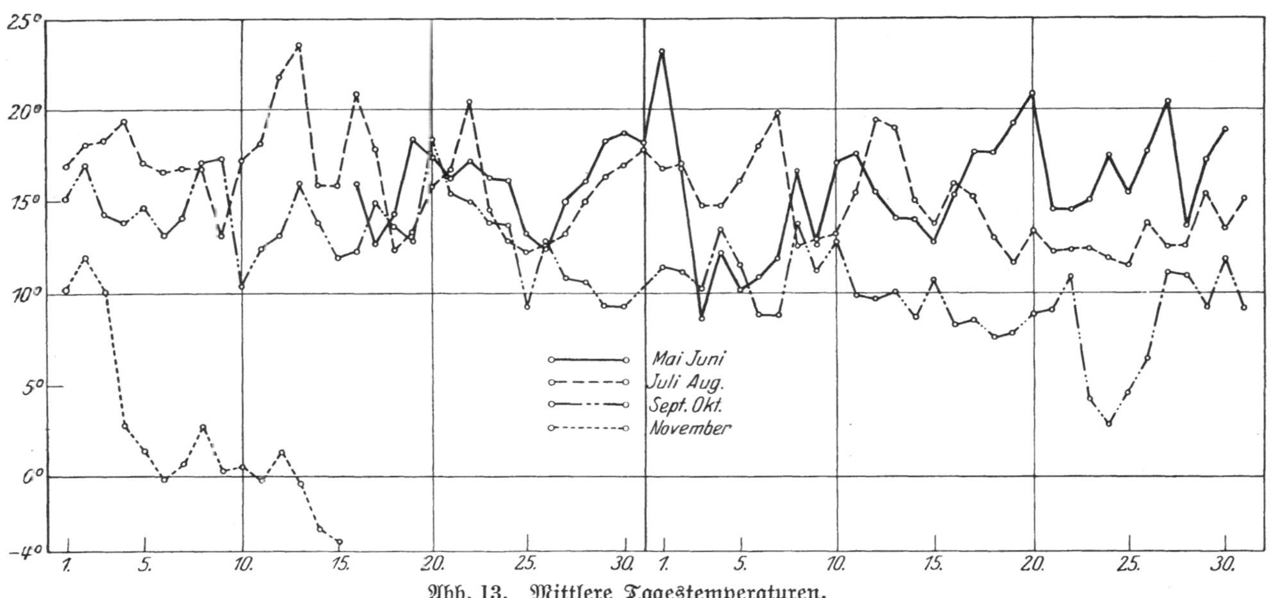

Abb. 13. Mittlere Tagestemperaturen.

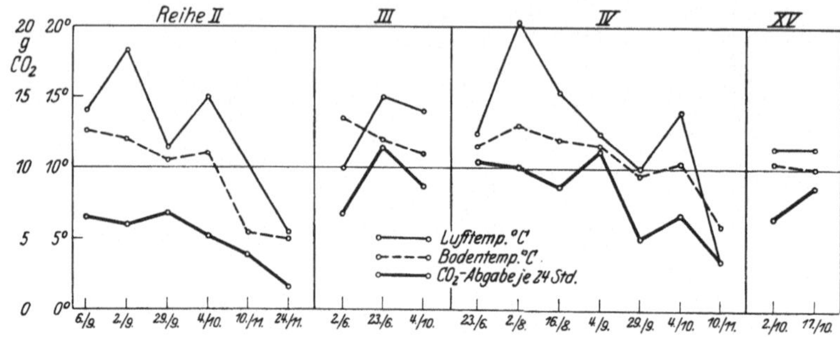

Abb. 14.   CO₂- und Temperaturkurven für II, III, IV, XV.

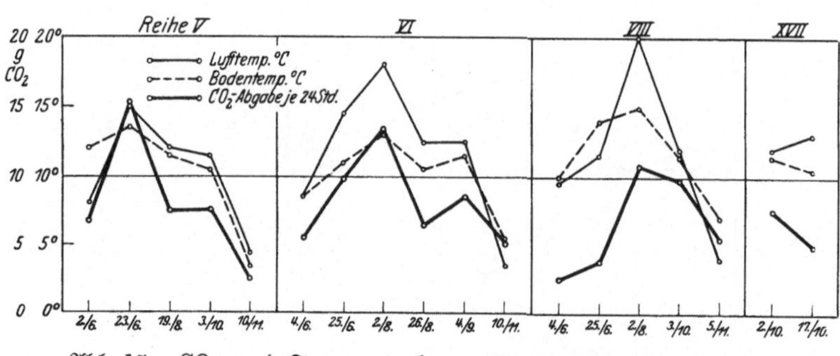

Abb. 15.   CO₂- und Temperaturkurven für V, VI, VIII, XVII.

Abb. 16.   CO₂- und Temperaturkurven für IX, X, XIV, XVI a, XVI b.

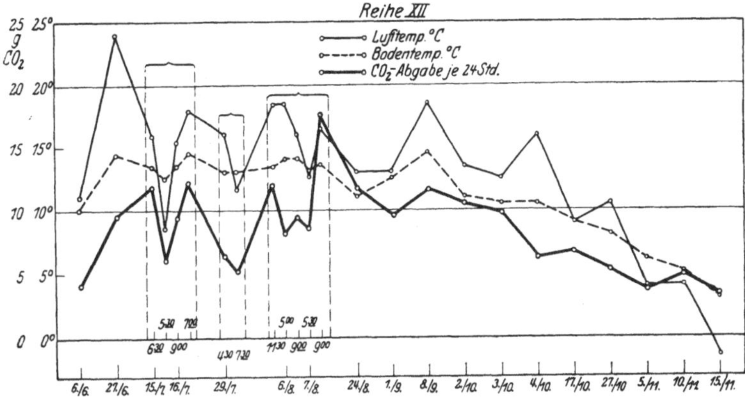

Abb. 17. CO₂= und Temperaturkurven für XII.

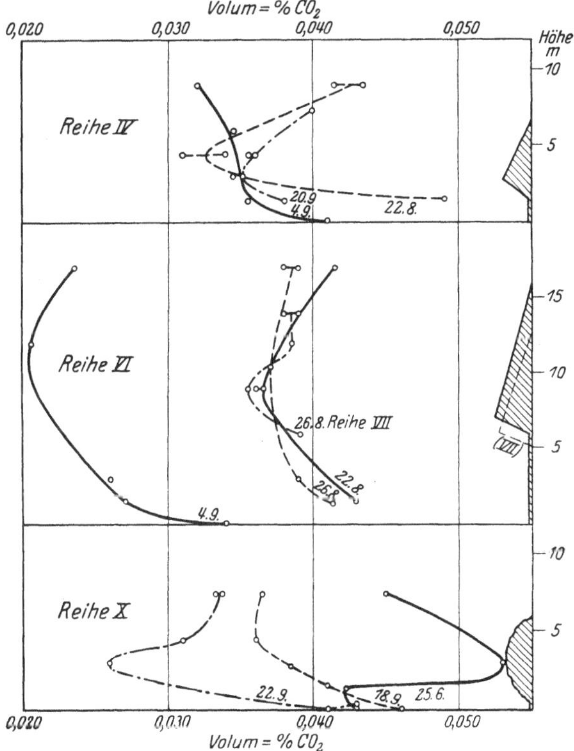

Abb. 18—20. Verteilung der CO₂ in der Bestandesluft.

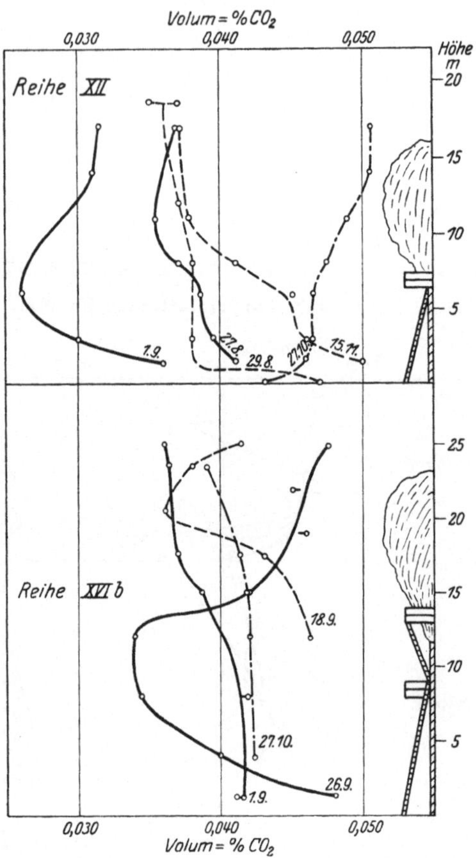

Abb. 21 u. 22.   Verteilung der CO_2 in der Bestandesluft.

Quellenverzeichnis.

1. Abderhalden, Handbuch der biochem. Arbeitsmethoden, Bd. III.
2. Albert, Zeitschr. f. F. u. J. 1912—1914.
3. — Silva 1921 H. 38.
4. Blackman u. seine Schüler, Naturwissensch. Rundschau, 1906 u. 1911.
5. Bornemann, Kohlensäure und Pflanzenwachstum, II. Aufl., Berlin 1923.
6. — Zeitschr. f. F. u. J. 1923 S. 704.
7. Ebermayer, Akad. Sitzungsberichte, München 1885.
8. — Die Beschaffenheit der Waldluft, Stuttgart 1885.
9. Erdmann, Exkursionsführer.
10. Gehring, Fühling's Landw. Zeitung, 68. Jahrg. 1919 H. 13/14.
11. — ebenda, 70. Jahrg. 1921 H. 7/8.
12. Harder, Jahrb. f. wissenschaftl. Botanik, Bd. 60, 1921 S. 551.
13. Hartmann, Wiener allg. Forst= u. Jagdzeitung, 1922 H. 8.
14. Heiden, Lehrbuch der Düngerlehre, II. Aufl. S. 551.
15. Hempel, Gasanalytische Methoden, IV. Aufl., Berlin 1913,
16. Heß=Weber, Der akademische Forstgarten bei Gießen, III. Aufl., 1914.
17. Hesselink van Süchtelen, Centralbl. f. Bakteriologie, II. Abt. 1910.
18. Hornschu, Silva 1921 H. 36/37.
19. — Persönliche Mitteilungen.
20. Janert u. E. A. Mitscherlich, Zeitschr. f. Pflanzenernährung und
    Düngung, 1923 A, S. 178 und Botan. Archiv, 1922 S. 166.
21. Krantz, Binnenversorgung durch Bodenkraftmehrung, Augsburg 1924.
22. Kreutzer, Wiener allg. Forst= u. Jagdzeitung, 1922 H. 3.
23. Lundegårdh, Svensk botan. Tidskrift, Bd. 15, 1921 H. 1.
24. — Angewandte Botanik, Bd. IV, 1922 H. 3.
25. — Biochem. Zeitschr., 1922 S. 109.
26. — Biologisches Centralblatt, 1922.
27. — Der Kreislauf der Kohlensäure in der Natur, Jena 1924.
28. Meinecke d. Ältere, Zeitschr. f. F. u. J., 1921.
29. — ebenda, 1923 S. 708.
30. Meinecke d. Jüngere, Die Azidität des Waldbodens, Diplomarbeit,
    Münden 1925.
31. Möller, Dauerwaldwirtschaft, Berlin 1921.
32. Oelkers, Zeitschr. f. F. u. J., 1922 H. 3.
33. Palmquist, Bih. Kgl. Svensk Vetens. Akad., Bd. 18 II (nach einer
    briefl. Mitteilung von Dr. Reinau).
34. Pettersson, Zeitschr. f. analyt. Chemie, 1886 S. 467.
35. Ramann, Bodenkunde, III. Aufl., Berlin 1911.

36. Reinau, Kohlensäure und Pflanzen, Halle 1920.
37. — Die Technik in der Landwirtschaft, Bd. V H. 5.
38. — (contra Mitscherlich), Mitteil. d. D. L. G., 1924.
39. — Zeitschr. f. Pflanzenernährung u. Düngung, 1924, A, H. 3.
40. Romell, Medd. f. Stat. Skogsförsöksanstalt, 1922 H. 2.
41. Rubner, Mitteil. d. Vereins d. höheren Forstbeamten Bayerns, 1922
　　　　H. 11/12.
42. Schmidt, Zeitschr. f. F. u. J., 1923 S. 534.
43. — ebenda, 1923, S. 715.
44. — ebenda, 1924. H. 8.
45. Sondén, Zeitschr. f. analyt. Chemie, 1887 S. 592.
46. Spirgatis, Botan. Archiv, 1923 S. 381.
47. Stålfelt, Medd. f. Stat. Skogsförsöksanstalt, XVIII., 1921 H. 5.
48. — ebenda XXI., 1924 H. 5.
49. Stoklasa und Ernest, Centralbl. f. Bakteriologie, II. Abt. Bd. 14.
50. Wittich, Untersuchungen über den Einfluß intensiver Bodenbearbeitung
　　　　auf Hohenlübbichower und Biesenthaler Sandböden, Neudamm 1926.
51. Wollny, Die Zersetzung der organischen Stoffe und die Humusbildung
　　　　mit Rücksicht auf die Bodenkultur, Heidelberg 1897.

Roßberg'sche Buchdruckerei, Leipzig.

Die Waldbautechnik im Spessart. Eine historisch-kritische Untersuchung ihrer Epochen von Dr. rer. pol. et phil. K. Vanselow, ordentl. Professor an der Universität Gießen. Mit 11 Textabbildungen und 4 Tafeln. IV, 234 Seiten. 1926. RM. 15.—

Handbuch der Forstpolitik mit besonderer Berücksichtigung der Gesetzgebung und Statistik. Von Dr. Max Endres, o. ö. Professor an der Universität München. Zweite, neubearbeitete Auflage. XIV, 906 Seiten. 1922. Gebunden RM. 25.—

Lehrbuch der Waldwertrechnung und Forststatik. Von Dr. Max Endres, o. ö. Professor an der Universität München. Vierte, verbesserte Auflage. Mit 7 Abbildungen. XIV, 326 Seiten. 1923. Gebunden RM. 10.—

Der Dauerwaldgedanke. Sein Sinn und seine Bedeutung. Von Professor Dr. Alfred Möller †, Preuß. Oberforstmeister und Direktor der Forstakad. zu Eberswalde. II, 84 Seiten. 1922. RM. 1.60

Die forstliche Statik. Ein Handbuch für leitende und ausführende Forstwirte sowie zum Studium und Unterricht. Von Geh. Forstrat Dr. H. Martin, Professor der Forstwissenschaft i. R. Zweite Auflage. Mit 8 Textabbildungen. XV, 486 Seiten. 1926. RM. 10.—

Die Forsteinrichtung. Von Dr. H. Martin, Geh. Forstrat, Professor der Forstwissenschaft i. R. Vierte, umgearbeit. u. erweit. Auflage. Mit 5 Textabbild. u. 11 Tafeln. X, 286 Seiten. 1926. Gebunden RM. 18.—

Ertragstafeln für Eiche, Buche, Tanne, Fichte und Kiefer. Von Dr. E. Gehrhardt, Regierungs- u. Forstrat b. d. Preuß. Forsteinrichtungsanstalt z. Magdeb. 46 Seiten. 1923. Gebunden RM. 2.20

Edelrassen des Waldes. Ein Wegweiser zur Zuchtwahl für Forstmänner und Jäger, ein Führer zur Naturbeobachtung für Waldfreunde von Walter Seitz, Preuß. Forstmeister, Havelberg. Mit 99 Abbildungen. Erscheint im Juli 1927

Deutsche Waldwirtschaft

Ein Rückblick und Ausblick

von

Dr. phil. Erhard Hausendorff

Preußischer Oberförster in Grimnitz=Uckermark

Mit physiologischen Untersuchungen

von

Dr. agr. Georg Görz und Dr. phil. Wilh. Benade

Diplomlandwirt an der Preuß.   Chemiker an der Bodenkundl. Abt. der
Geolog. Landesanstalt   Preuß. Geolog. Landesanstalt

Mit 9 Abbildungen und 1 farbigen Tafel. VIII, 90 Seiten. 1927.
RM. 4.80

Die vorliegenden Untersuchungen sind der Versuch, den als richtig erkannten, aber bisher nur in allgemeiner Richtung angedeuteten Weg einer Forstwirt= schaft auf physiologischer Grundlage in einem besonderen Fall zu beschreiben und auszubauen. Sie erhalten dadurch grundsätzliche Bedeutung, daß sie zur Umgestaltung der forstlichen Wirtschaftsführung den ersten Schritt darstellen.

Inhaltsverzeichnis:

Allgemeines. Von Dr. Erhard Hausendorff, Grimnitz=Uckermark.

Bodenkundliches Praktikum

Von

Dr. Eilh. Alfred Mitscherlich

o. ö. Professor der Landwirtschaftlichen Pflanzenbaulehre
an der Universität Königsberg i. Pr.

Mit 15 Abbildungen. VII, 36 Seiten. 1927
RM. 2.40. Mit Schreibpapier durchschossen RM. 3.—

Inhaltsverzeichnis:

Einführung.

Rohere Methoden der Bodenuntersuchung.

a) Die Bestimmung des Volumenmaßgewichtes.
b) Die Bestimmung der Beobachtungsfehler.
c) Die Bestimmung der Wasserkapazität des Bodens.
  Die Methode nach Schübler und Trommer.
  Weitere Methoden.
d) Die Bestimmung der Wasserverdunstung aus dem Boden.
e) Die Bestimmung der Wasserverdunstung aus dem Boden unter Berücksichtigung verschiedener Wasserleitung.
f) Versuche zur Bestimmung der Wasserdurchlässigkeit des Bodens.

Feinere Methoden der Bodenuntersuchung.

g) Die Bestimmung der Empfindlichkeit der Wage.
h) Die Bestimmung der Korngröße der festen Bodenbestandteile.
  Die Siebmethode.
  Die Schlämmmethode.
i) Die Ausflockung des Tones.
k) Die Trockensubstanzbestimmung beim Boden.
  Das Trocknen im Trockenschrank.
  Das Trocknen im Exsikkator.
l) Die Bestimmung des spezifischen Gewichtes des Bodens.

m) Die Bestimmung der Hygroskopizität.

Praktische Kohlensäuredüngung in Gärtnerei und Landwirtschaft

Von

Dr. phil. Erich Reinau

Mit 35 Abbildungen im Text. V, 203 Seiten. 1927
RM. 13.50; gebunden RM. 14.70

Inhaltsverzeichnis:

Einleitung.

Die Grundlagen der Kohlensäuredüngung.

a) Biologisch-Botanisches.
b) Chemisches und Physikalisches.
c) Wetterkundliches (Luft, Licht, Wärme, Sonne).
d) Praktisch-Wirtschaftliches.

Geschichte und Kuriosa der Kohlensäuredüngung.

a) Zur Geschichte der Erkenntnisse über Kohlensäuredüngung.
b) Zur Geschichte der Praxis der Kohlensäuredüngung.

Durchführung und Anwendung der Kohlensäuredüngung.

a) Praktische und technische Vorschläge zur Durchführung von Kohlensäuredüngung.
b) Die Kohlensäuredüngung in der Gärtnerei, im Gewächshause und Frühbeet.
c) Die Bodenatmung.
d) Kohlensäuredüngung im Freien, namentlich in Landwirtschaft und Forstbetrieb.
e) Über Humus-, Mist- und Abfallwirtschaft.

Die Wirtschaftlichkeit der Kohlensäuredüngung.

Namenverzeichnis der über Kohlensäuredüngung urteilenden Fachleute.

Namen- und Sachverzeichnis.